Hochschultext

E. Engeler

Metamathematik der Elementarmathematik

Mit 29 Abbildungen

Springer-Verlag
Berlin Heidelberg New York 1983

Prof. Dr. Erwin Engeler
ETH-Zentrum, Mathematik, CH-8092, Zürich

ISBN 3-540-12151-X Springer-Verlag Berlin Heidelberg New York
ISBN 0-387-12151-X Springer-Verlag New York Heidelberg Berlin

CIP-Kurztitelaufnahme der Deutschen Bibliothek
Engeler, Erwin:
Metamathematik der Elementarmathematik / E. Engeler.
– Berlin; Heidelberg; New York: Springer, 1983 (Hochschultexte)
ISBN 3-540-12151-X (Berlin, Heidelberg, New York)
ISBN 0-387-12151-X (New York, Heidelberg, Berlin)

Printed in Germany

Druck und Bindearbeiten: Beltz Offsetdruck, Hemsbach/Bergstr.
2144/3140-543210

Vorwort

Dieses Buch ist kein Lehrbuch. Doch ist es aus Vorlesungen gewachsen, die ich seit ein paar Jahren an der ETH in Zürich gehalten habe. Es wendet sich an Studenten der Mathematik mittlerer und oberer Semester, aber weniger mit dem Ziel, diesen mathematische Logik oder Axiomatik beizubringen, als vielmehr, um in ihnen die kritischen Fähigkeiten gegenüber der Mathematik zu wecken und zu schärfen. Denn nur allzu leicht wird der Student durch unsere Erziehung eingelullt. Die jahrelange Beschäftigung mit der Technik der Schulalgebra und -geometrie und mit dem immensen Gebäude der Analysis lässt bei fast allen das Gefühl aufkommen, sie wüssten nun, was die reellen Zahlen seien, was eine Funktion, was der euklidische Raum, was eine Rechenvorschrift sei.

Es liegt mir fern, die Nützlichkeit, ja Notwendigkeit, eines weitgehenden Konsensus in der Mathematik zu verneinen. Wogegen ich aber ankämpfe, ist die Phantasielosigkeit, die in der Tendenz liegt, Grundbegriffe und Grundhaltungen unbesehen zu übernehmen. Was ich in diesem Büchlein darstellen will, ist die systematische Kritik an den Grundlagen der Mathematik, welche die mathematische Logik des 20. Jahrhunderts technisch möglich gemacht hat. Der Terminus "Metamathematik" unseres Titels deutet also auf die Methode, "Elementarmathematik" weist auf den Gegenstand: Analysis, Geometrie und Algorithmik.

In nuce: Wie kommt man zu den Axiomen der Elementarmathematik, und was ist von ihnen zu halten?

Die Fertigstellung dieses Büchleins verdanke ich der kompetenten Arbeit von Brigitte Knecht (Text) und Dr. Ernst Graf (Zeichnungen).

Zürich, Mai 1982 Erwin Engeler

Inhaltsverzeichnis

Kapitel I: DAS KONTINUUM 1

§1 Was sind die reellen Zahlen? 1
§2 Sprache als ein Teil der Mathematik 8
§3 Elementare Theorie der reellen Zahlen 19
§4 Non-standard Analysis 36
§5 Auswahlaxiom und Kontinuumhypothese 49

Kapitel II: GEOMETRIE 56

§1 Raum und Mathematik 56
§2 Axiomatisierung durch Koordinatisierung 59
§3 Wissenschaftstheoretische Fragen und Methoden der Elementargeometrie 71
§4 Geometrische Konstruktionen 84

Kapitel III: ALGORITHMIK 96

§1 Was ist eine Rechenvorschrift 97
§2 Die Existenz kombinatorischer Algebren: kombinatorische Logik 104
§3 Konkrete kombinatorische Algebren 112
§4 Lambda-Kalkül 118
§5 Berechenbarkeit und Kombinatoren 124

Kapitel I. Das Kontinuum

§1 Was sind die reellen Zahlen?

Vor rund hundert Jahren war Dedekind Professor für Mathematik an der ETH in Zürich; er lehrte Differential- und Integralrechnung. Er erzählt, wie eben dieser Unterricht ihn mit den Fragen der Grundlegung der Analysis konfrontierte. Von seiner gescheiten Auseinandersetzung mit dem Problem zeugt das heute noch mit Genuss lesbare Büchlein "Was sind und was sollen die Zahlen?".

Dedekinds Antwort ist Ihnen wohlbekannt; sie besteht in einem Programm der Arithmetisierung des Kontinuums, der Zurückführung der Grundbegriffe der Analysis auf Konzepte betreffend natürliche Zahlen. Auf diese Weise soll die Existenz der der Analysis zugrundeliegenden mathematischen Struktur unanfechtbar bewiesen werden; alle von der Analysis benutzten Eigenschaften des Kontinuums sollen sich aus eben dieser Konstruktion ergeben.

Dedekinds Arithmetisierung des Kontinuums (Skizze)

(a) $\underline{\mathbb{N}} = \langle \mathbb{N}, 0, 1, +, \cdot, \underline{\leq} \rangle$ erfüllt Peanos Axiome:

(i) $0 \neq x+1$ für alle $x \in \mathbb{N}$.

(ii) $x+1 = y+1$ nur wenn $x = y$, für alle $x, y \in \mathbb{N}$.

(iii) Falls $M \subseteq \mathbb{N}$ und $M \neq \emptyset$ so hat M ein kleinstes Element bezüglich $\underline{\leq}$.

(iv) $x \underline{\leq} y$ genau dann, wenn es ein $z \in \mathbb{N}$ gibt mit $x + z = y$.

(v) Addition und Multiplikation erfüllen die Rekursionsgleichungen

$$x + (y+1) = (x+y)+1, \qquad x+0 = x$$
$$x \cdot (y+1) = x \cdot y + x, \qquad x \cdot 0 = 0$$

(b) $\underline{\mathbb{Q}} = \langle \mathbb{Q}, 0, 1, +, \cdot, \leq \rangle$ ist ein geordneter Körper. Dabei besteht $\mathbb{Q}$ aus den Aequivalenzklassen von Tripeln $\langle a,b,c\rangle \in \mathbb{N}^3$, $c \neq 0$, definiert durch $\langle a,b,c\rangle \equiv \langle a',b',c'\rangle$ gdw. $ac' + b'c = a'c + bc'$. Addition $\langle a,b,c\rangle + \langle a',b',c'\rangle := \langle ac' + a'c, bc' + b'c, cc'\rangle$. Multiplikation $\langle a,b,c\rangle \cdot \langle a',b',c'\rangle := \langle aa' + bb', ab' + ba', cc'\rangle$.
Null ist die Aequivalenzklasse von $\langle 0,0,1\rangle$
Eins ist die Aequivalenzklasse von $\langle 1,0,1\rangle$
$\langle a,b,c\rangle \leq \langle a',b',c'\rangle$ gdw. $ac' + b'c \leq a'c + bc'$.

(c) $\underline{\mathbb{R}} = \langle \mathbb{R}, 0, 1, +, \cdot, \leq \rangle$ ist ein vollständig geordneter Körper. Dabei besteht $\mathbb{R}$ aus Dedekindschen Schnitten, d.h. aus Teilmengen $S \subseteq \mathbb{Q}$ mit $S \neq \emptyset$; falls $x \in S$ und $y \leq x$, so $y \in S$, S hat kein grösstes Element, $S \neq \mathbb{Q}$.
Addition: $S + T = \{x + y : x \in S, y \in T\}$.
Null: $0 = \{x \in \mathbb{Q} : x < 0\}$
Eins: $1 = \{x \in \mathbb{Q} : x < 1\}$
Ordnungsrelation: $S \leq T$ gdw. $S \subseteq T$.
Die Multiplikation möchte man gerne definieren als

$$S \cdot T = \{x \cdot y : x \in S, y \in T\},$$

was aber zu (behebbaren) Schwierigkeiten führt (Uebungsaufgabe).

Die Intuition bei der Konstruktion von $\mathbb{Q}$ ist selbstverständlich die Darstellung der ganzzahligen Brüche $\frac{a-b}{c}$ als Tripel $\langle a,b,c\rangle$ und die entsprechende Herstellung der Rechenregeln für Addition, Multiplikation und Grössenvergleich. Bei der Konstruktion von $\mathbb{R}$ geht die Intuition vom Vollständigkeitsbegriff aus, über den wir unten (§2) sprechen werden: Im wesentlichen soll jede stetige Funktion für jeden Zeichenwechsel auch eine reelle Zahl als Nullstelle erhalten. Der Zahlbegriff hängt also am Funktionsbegriff. Dies wird auch schon aus dem Titel der Originalarbeit von Dedekind deutlich: "Stetigkeit und irrationale Zahlen", (1872).

Der Haupteinwand gegen Dedekinds Programm ist, dass es unrein sei: Die Konstruktion macht nicht nur Gebrauch von den natürlichen Zahlen und den darauf definierten Operationen und Relationen, wie Addition, Multiplikation, Ordnungsrelation, sondern auch von Objekten und

Konzepten aus einem "höheren" Bereich, z.B. von Mengen (von natürlichen Zahlen) und dergleichen. Die Konstruktion selbst findet nicht in der Arithmetik, sondern in der Mengenlehre statt. Die Mengenlehre aber ist der "Intuition" sicherlich noch viel entfernter als das Kontinuum, welches wir uns, beinahe, vorstellen können, und es kann füglich bezweifelt werden, dass das Dedekindsche Programm die Frage in unserem Titel wirklich gelöst hat.

Nun kann sich der Mathematiker ja auf den Standpunkt stellen, dass ihn gar nicht interessiert, woher die reellen Zahlen kommen. Was ihn interessiert, sind die Eigenschaften der reellen Zahlen. Mit andern Worten, was er von der Grundlegung der Analysis erwartet, ist eine Axiomatisierung, eine Aufzählung aller Eigenschaften des Körpers der reellen Zahlen, aus welchen alle in der Analysis gebrauchten Sätze rein logisch folgen.

Um die Jahrhundertwende hat dann Hilbert eine solche Axiomatisierung geliefert: Die reellen Zahlen werden charakterisiert als ein vollständig geordneter Körper, also als ein geordneter Körper, in welchem jede beschränkte Menge eine kleinste obere Schranke besitzt. Mehr braucht man nicht zu fordern; denn man kann zeigen, dass es, bis auf Isomorphie, nur einen vollständig geordneten Körper gibt. Um den technischen Ausdruck für diese Situation zu gebrauchen: Das Axiomensystem ist kategorisch. Wir werden den Beweis für diese Tatsache erst später liefern. (Uebrigens ist Hilberts ursprüngliche Axiomatisierung nicht die oben skizzierte, ist ihr aber äquivalent.) Hilbert charakterisiert die reellen Zahlen als einen geordneten Körper, der archimedisch geordnet ist (jedes positive Element kann, genügend oft zu sich selbst addiert, jedes vorgegebene positive Element an Grösse übertreffen) und maximal ist in dieser Eigenschaft (d.h. jeder Erweiterungskörper ist nicht mehr archimedisch). Es ist übrigens gerade die Analyse des Kategorizitätsbeweises, die überhaupt zur abschliessenden Formulierung der Axiome geführt hat.

Doch auch gegen diesen axiomatischen Zugang muss man schwere Bedenken anmelden, im Grunde dieselben wie bei der sogenannten Arithmetisierung. Nämlich, die Axiome nehmen nicht nur Bezug auf die algebraischen und ordnungstheoretischen Grundbegriffe $+, \cdot, \leq$, etc. und auf die Elemente des zu charakterisierenden Körpers, sondern wiederum auf höhere

Begriffe, eben auf "beschränkte Mengen" und dergleichen. Nehmen wir als Beispiel das archimedische Axiom: "Falls $a,b > 0$, so gibt es eine positive ganze Zahl n derart, dass $a \cdot n > b$." Hier wird auf den Begriff der positiven ganzen Zahl Bezug genommen. Man könnte einwenden, dass die Theorie der natürlichen Zahlen aller Axiomatik vorangeht. Dann aber sollten wir darauf bestehen, dass die Axiome für die natürlichen Zahlen in der erwähnten Axiomatisierung nur eben aus Konvention weggelassen wurden, dass sie also als hinzugefügt gedacht werden sollen.

Wir müssten also etwa Peanos Axiome beifügen, insbesondere das folgende: "Jede Menge von natürlichen Zahlen, welche 0 enthält und mit jedem n auch $n+1$ enthält, ist die ganze Menge". Und schon wieder sprechen wir von Mengen! Und wir tun das, ohne dass wir den Rahmen, in welchem wir die Grundkonzepte der Mengenlehre verwenden, axiomatisch abgesteckt hätten. Nun, man könnte gerade genug Mengenlehre axiomatisieren, wie man in diesem Zusammenhang eben braucht, und ein für allemal die Konvention machen, dass diese Axiome bei jeder Axiomatisierung stillschweigend mit dabei sein sollen.

Was beinhaltet diese Konvention? Genauer: Ist die axiomatische Basis der Mengenlehre kontroversenfrei gesichert? Sicherlich nicht - darüber später - und wir müssen uns auf bescheidenere Standpunkte zurückziehen. Um ein solches Refugium zu etablieren, werden wir uns in den folgenden Abschnitten der Methode der Formalisierung der Mathematik bedienen.

Kein Wunder, sagt der Konstruktivist, dass ihr Schwierigkeiten habt mit der Grundlegung der Analysis via Mengenlehre. Aktual unendliche Gesamtheiten sind nicht in unserer Intuition enthalten, wir haben keine direkte Einsicht in deren Eigenschaften.

• Man könnte unendliche Mengen als eine Art platonischer Ideen auffassen, welche aller Menschheit gemeinsam wären, etwa so als ob wir daran teilgehabt hätten in einem Paradies, aus welchem wir unglücklicherweise verstossen wurden: Dies ist verschwommene Ontologie. So betrachtet, würde das Kontinuum zu der gleichen Art von Dingen gehören wie der Vogel Greif oder der Osterhase (über gewisse derer Eigenschaften wir uns einigen können, über andere wir uns nicht im klaren sind).

• Axiomatische Mengenlehre als letzte Basis der Mathematik mag wohl technisch genügen, doch den Grundlagenproblemen, insbesondere den

Antinomien weicht sie eher aus, als dass sie sie erklärt. Das Ausweichen ist überdies von recht kruder Art; es ist nicht einmal plausibel, dass alle Schwierigkeiten in der Grösse der widersprüchlichen Mengen begründet sind.

• Ja, selbst den gängigen logischen Schlussweisen der Mathematik ist nicht zu trauen; insbesondere ist der Satz vom ausgeschlossenen Dritten für unendliche Gesamtheiten suspekt. Die klassischen, logischen Schlussweisen machen nur Sinn, wenn mathematische Aussagen interpretiert werden als: "Das ist so-und-so ..." über etwas Aktuales, sie sind also von fraglichem Sinn bei unendlichen Gesamtheiten. Eine mathematische Aussage ist doch viel eher zu verstehen als: "Ich habe eine Konstruktion, einen Beweis dafür, dass ...".

Was soll man auf diesen Angriff auf die klassische Mathematik antworten!

1. Die Nicht-Antwort geht etwa wie folgt: Eigentlich gebe ich Ihnen recht, es "gibt" keine unendlichen Mengen, und meine Logik mag schon wacklig sein. Doch mir ist eigentlich recht wohl dabei, ich habe Erfolg, die Anwendungen ernähren mich. Lassen Sie mich also einfach fortfahren "als ob". Ueberhaupt, sind denn nicht Existenzfragen und Konstruktivität im Zuständigkeitsbereich der angewandten Mathematik und gut untergebracht dort? Wenn es zum Schlimmsten kommt, kann ich mich ja immer noch hinter der Haltung verstecken, dass Mathematik eine symbolische, formale Aktivität sei.

2. Die pragmatische Antwort wird wohl von der Mehrzahl der Mathematiker gegeben. Sie umfasst etwa die folgenden Feststellungen:

   • Die Zweifel an der klassischen Mathematik scheinen doch etwas zweifelhafter als diese Mathematik selbst. Für den intelligenten Mathematiker sind die üblichen Schlüsse über das Unendliche durchaus überzeugend. Die Elimination unendlicher Begriffe, wo sie möglich ist, unterstützt unsere Ueberzeugtheit von Sätzen nicht, eher - so ist die Erfahrung - führen finitisierte, formalisierte Beweise zu rechnerischen Konfusionen, welche schwer zu entdecken sind; konzeptionelle Beweise, auch mit unendlichen Konzepten, sind überzeugender und einsichtiger.

• Ueberhaupt, falls schon irgendwo ein Widerspruch entdeckt würde, so wäre dies für die klassische Mathematik kein Unglück sondern interessant und fruchtbringend.

• Schliesslich ist es eine Tatsache, dass alle andern Stellungnahmen in den Grundlagen der Mathematik innerhalb des Rahmens der klassischen Mathematik diskutiert werden können; diese Universalität macht sie besonders attraktiv. Bis zu dem Zeitpunkt, wo etwas Besseres allgemein akzeptiert ist, lassen wir doch vernünftigerweise die Dinge liegen, wo sie sind.

3. Die <u>aufmunternde Antwort:</u> Ja, ich kann mir schon vorstellen, dass jemand durch die aufgeworfenen Fragen aufgeschreckt wird. Nur scheint mir, dass sie am ehesten dazu verwendet werden sollen, als Hinweise für Forschungsaufgaben zu dienen.

4. Der <u>Gegenangriff</u> ist auch eine Antwort. Ohne Zweifel hat jede exakte Formulierung des konstruktiven Standpunktes ihre schwachen Punkte; wir haben darauf schon hingedeutet.

Es hat keinen grossen Sinn, hier und jetzt weiter auszuholen. Zudem müssen wir ehrlicherweise darauf hinweisen, dass wir oben die verschiedenen Standpunkte in äusserst oberflächlicher Form zur Sprache gebracht haben. Im Sinne eines Verbesserungsvorschlages möchte ich Sie einerseits auf ein paar Stellen in der Grundlagen-Literatur verweisen, andererseits die Diskussion aufschieben auf einen Zeitpunkt, wo das Material der Diskussion vor uns liegen wird.

Literaturhinweise zu Kapitel I, §1:

Dedekind, R.: "Stetigkeit und irrationale Zahlen", 1872, in: R. Friche, E. Noether, O. Ore: "Dedekind gesammelte mathematische Werke", Band 3, S. 315-334. Braunschweig, Vieweg, 1932.

Dedekind, R.: "Was sind und was sollen die Zahlen?", 1887, in: R. Friche, E. Noether, O. Ore: "Dedekind gesammelte mathematische Werke", Band 3, S. 335-391. Braunschweig, Vieweg, 1932.

Hilbert, D.: "Ueber den Zahlbegriff", zu finden im Anhang VI der "Grundlagen der Geometrie", 7. Auflage, Stuttgart, Teubner, 1930.

Hilbert, D.: "Ueber das Unendliche", Mathematische Annalen, Band 95, S. 161-190, (1926).

Brouwer, L.E.J.: "Begründung der Funktionenlehre unabhängig vom logischen Satz vom ausgeschlossenen Dritten", 1923, in: A. Heyting: "L.E.J. Brouwer collected works", Band 1, S. 246-267. Amsterdam, North-Holland, 1975.

Brouwer, L.E.J.: "Zur Begründung der intuitionistischen Mathematik, I, II & III", 1925-1927, in: A. Heyting: "L.E.J. Brouwer collected works", Band 1, S. 301-314, 321-340, 352-389. Amsterdam, North-Holland, 1975.

Bernays, P.: "Sur le Platonisme dans les Mathématiques", L'Enseignement Mathématiques 34 (1935), englische Uebersetzung in P. Benacerraf & H. Putnam: "Philosophy of Mathematics, selected readings", S. 274-286, Englewood Cliffs, Prentice-Hall, 1964.

Weyl, H.: "Ueber die neue Grundlagenkrise der Mathematik", Mathematische Zeitschrift, 10, S. 39-79, (1921), auch in "Selecta Hermann Weyl", S. 211-248, Basel & Stuttgart, Birkhäuser Verlag, 1956.

§2 Sprache als ein Teil der Mathematik

Die moderne Logik verdankt ihr Entstehen einem wahrhaft grandiosen Traum, einem Traum, den schon Leibniz geträumt hat. Bevor ich Ihnen diesen Traum erzähle, lassen Sie mich die geschichtliche Situation beschreiben.

Leibniz lebte zu einer Zeit, in der die in der heutigen Mathematik üblichen Bezeichnungen, insbesondere in Algebra und Analysis, ihren Siegeszug angetreten hatten, ein Prozess, zu dem Leibniz selbst Bedeutendes beigetragen hat, wie z.B. die Differentiale, das Integralzeichen u. dgl. Leibniz war sich des Wesentlichen an dieser Entwicklung zutiefst bewusst: Der beispiellose Aufschwung der neueren Mathematik beruht wesentlich auf der Entlastung des Denkens von der inhaltlichen Bedeutung der mathematischen Zeichen und auf der Möglichkeit, mit solchen inhaltlichen Bedeutungen im wahrsten Sinne des Wortes zu rechnen. Leibnizens Zeit war auch eine Epoche, in welcher die axiomatische Geometrie der alten Griechen wieder eine neue Blüte erlebte und ihr Vorbild: Axiom - Satz - Beweis - Definition - Satz - Beweis - ... weite Gebiete der Philosophie beeinflusste. Man denke etwa an Baruch Spinozas Ethica, ordine geometrico demonstrata: Die Ethik, in der Weise der Geometer.

Sollte es nicht möglich sein, dachte Leibniz, die Regeln des mathematischen Beweisens so zu formulieren, dass man bei ihrer Anwendung an die inhaltliche Bedeutung der Ausdrücke überhaupt nicht mehr zu denken braucht? Was zu schaffen wäre, ist ein calculus ratiocinator, ein Kalkül also, in welchem das natürliche inhaltliche Beweisen durch eine formale Berechnung ersetzt werden kann und so selbst Gegenstand der Mathematik wird. Ein solcher Kalkül setzt natürlich eine Symbolik voraus, in welcher die Axiome, Sätze und Definitionen der Mathematik dargestellt werden können. Eine solche Symbolik ist das Ziel der Leibnizschen Formelsprache, der berühmten characteristica universalis. Sie ist leider Fragment geblieben. Und musste Fragment bleiben, denn selbst für ein Genie wie Leibniz war die Zeit noch nicht reif für die moderne Logik. Die formale Sprache, in welcher alle mathematischen Fragen durch Rechnen nach dem Leibnizschen Motto calculemus gelöst werden können, blieb ein Traum.

Es blieb dem 20. Jahrhundert vorbehalten, die bisher wesentlichsten Schritte in der von Leibniz gewiesenen Richtung zu gehen. Die historische Situation war ähnlich der zur Zeit Leibnizens. Die Arbeiten von Dedekind und Cantor, welche die gesamte Mathematik auf die Mengenlehre zurückführten, die Arbeiten von Boole, Peano, Peirce, Schröder, welche ein Rudiment mathematischer Symbolik für die Regeln des Denkens einführten; diese Arbeiten inspirierten einen unbeschränkten Optimismus in die Macht der Formalisierung. In den Händen von erstrangigen Mathematikern wie Frege, Russel, Whitehead, Hilbert, Bernays, Gödel und Church hat diese Formalisierung in modernen Logikkalkülen eine höhere Stufe der Präzision erreicht. Es ist daher heute möglich, von Sprache als einem Teil der Mathematik zu sprechen und über die Realisierbarkeit des Leibnizschen Traumes zu diskutieren.

Der Symbolismus der modernen Logik

Die Aussagenlogik geht aus von (nicht weiter analysierten) Aussagen, die mit den Grundverknüpfungen $\wedge, \vee, \neg, \supset, \equiv$ zu weiteren (zusammengesetzten) Aussagen verbunden werden.

Die Klassenlogik betrachtet als Grundaussagen Feststellungen von Eigenschaften: $A(x)$, das Ding x hat die Eigenschaft A. (Die Totalität der x mit der Eigenschaft A könnte auch selbst als eine Entität aufgefasst werden, die Klasse A, und das Operieren mit den Grundverknüpfungen entspricht dann den sog. Booleschen Operationen auf den entsprechenden Klassen.)

Die Theorie der Relationen bezieht als weitere Typen von Grundaussagen die Feststellung von Relationen zwischen Dingen ein: $A(x,y)$, $B(x,y,z)$, ..., wobei oft auch mathematische Bezeichnungsweisen übernommen werden: $x \leqq y$, $x \in y$, ...

Der Prädikatenkalkül führt zusätzlich noch die Quantifizierung von Aussagen ein: $\exists x$, $\forall y$. Mit ihm ist der Symbolismus zu einem vorläufigen Abschluss gekommen.

Die Kenntnis der Symbolik und ihrer Bedeutung wird hier vorausgesetzt, in geringerem Masse setzen wir die Kenntnis der Hauptresultate des Prädikatenkalküls voraus.

Wir haben vom Optimismus in die Formalisierung gesprochen, der geistvolle und begabte Mathematiker zu ausserordentlichen Kraft- und Fleissleistungen angeregt hat: Wir denken an die <u>Principia Mathematica</u> von Whitehead und Russell (1910-1913), an das <u>Formulaire de mathématique</u> von Peano (1894-1908), insbesondere aber an das erste und beispielgebende Werk dieser Art, Freges <u>Begriffsschrift</u> (1879) und <u>Grundgesetze der Arithmetik</u> (1893-1903). In Freges Grundgesetzen wird der Versuch zur Rückführung der gesamten Mathematik auf die Logik gemacht. Dies schien möglich durch die Identifikation von Eigenschaften mit Begriffsumfängen. Frege denkt sich ein Universum von Dingen, zu welchem auch Begriffsumfänge gehören. Statt zu sagen "a ist ein B", oder kurz "B(a)", denkt man sich den Begriffsumfang von B realisiert durch ein Ding b und schreibt "a ist in b", oder formal "$a \in b$". Welche Begriffsumfänge zugelassen sein sollen, hängt nur von der zugelassenen Formelsprache ab; diese wählt man als Prädikatenlogik und führt nichts Ausserlogisches ein an Prädikaten, nur eben den Begriff "... ist ein ...", d.h. das zweistellige Prädikatensymbol $\in$. Der Begriff der Gleichheit ist ein definierter: Gleich ist, was nicht unterscheidbar ist, also zu denselben Begriffsumfängen gehört; also x ist gleich y, falls x in genau den z ist, in denen auch y ist. - Da Freges Begriffsschrift etwas umständlich ist, schreiben wir das Fregesche System in unserer Schreibweise auf (siehe unten).
In einem sehr lesenswerten Briefwechsel weist Russell (Juni 1902) Frege darauf hin, dass sein System widerspruchsvoll ist. Die Rückführung auf die Logik durch Gleichsetzung des Mengenbegriffes mit dem Begriff der Eigenschaft ist misslungen.

<u>Freges Idealkalkül</u> (in moderner Notation)

<u>Sprache und Logik</u> des Prädikatenkalküls ohne Identität,
Variablen $x, y, z, \ldots$ Grundprädikat $\in$.

<u>Definition:</u> $x = y \equiv_{\text{def.}} \forall z\ (x \in z \equiv y \in z)$

<u>Axiome:</u>

(i) Extensionalität
$\forall x \forall y\ (\forall z (z \in x \equiv z \in y) \supset x = y)$

(ii) Klassenbildung
$\exists y \forall x\ (x \in y \equiv A(x))$,
für alle Formeln $A(x)$ mit genau der freien Variablen x.

Nach (i) und (ii) ist die Bezeichnung $\{x \mid A(x)\}$ legitim.

<u>Russells Antinomie:</u>
Betrachte $R = \{x \mid x \notin x\}$, dann ist weder $R \in R$ noch $R \notin R$.
Widerspruch.

Die Schwierigkeiten mit Freges Ansatz waren Sauerteig für die Entwicklung der modernen Grundlagenforschung. Die erste befriedigende Axiomatisierung stammt von <u>Zermelo,</u> einem Zürcher Professor; sie ist, mit einer Ergänzung (dem Ersetzungsaxiom) eine der beiden wohl am meisten akzeptierten logischen Grundlegungen der Mathematik, die andere stammt ebenfalls aus Zürich, von <u>Bernays.</u>

Doch nun zurück zu unserem Hauptthema: Was sind die reellen Zahlen? Wir wollen hier zwei Axiomatisierungen kurz präsentieren, eine realisiert den Standpunkt der Algebra, die andere den der Analysis. Beide benutzen den Rahmen des Prädikatenkalküls erster Stufe. Die formale Sprache wird nun nicht mehr wie bei Frege gleichsam zur Erschaffung des Universums gebraucht, sondern nur noch zu dessen Beschreibung, d.h. die Struktur wird als vorliegend gedacht, und wir suchen eine Formulierung ihrer charakteristischen Eigenschaften: Die reellen Zahlen sind charakterisiert als ein vollständig geordneter Körper.

Elementare Theorie der reellen Zahlen

$\mathbb{R} = \langle \mathbb{R}, \leq, +, \cdot, -, ^{-1}, 0, 1 \rangle$.

Sprache und Logik:

Prädikatenkalkül erster Stufe mit Gleichheit.

Individuenvariablen: $x, y, z, \ldots$

Individuenkonstanten: $0, 1$.

Funktionszeichen: $+, \cdot$ (zweistellig); $-, ^{-1}$ (einstellig).

Grundprädikat: $\leq$ (zweistellig).

Axiome:

(i) Körperaxiome

(ii) Ordnungsaxiome:

$x \leq x,\ x \leq y \wedge y \leq x. \supset x = y,$

$x \leq y \wedge y \leq z. \supset x \leq z,\ x \leq y \vee y \leq x,$

$x \leq y \supset x + z \leq y + z,$

$z \geq 0 \wedge x \leq y. \supset x \cdot z \leq y \cdot z.$

(iii) Vollständigkeitsaxiom: Für alle Formeln $A(x)$ mit genau der freien Variablen x gilt

$\exists x A(x) \wedge \exists b \forall x (A(x) \supset x \leq b).$

$\supset \exists b[\forall x(A(x) \supset x \leq b) \wedge \forall c(\forall x(A(x) \supset x \leq c) \supset b \leq c)]$

Die Axiomgruppen (i) und (ii) geben keinen Anlass zu Kommentar. Ueber das Vollständigkeitsaxiom ist doch einiges zu bemerken. Erstens einmal hat der Begriff der Vollständigkeit eine äusserst interessante Rolle in der Ideengeschichte der Mathematik gespielt, auf die wir im folgenden etwas eingehen wollen. Zweitens stellt sich die Frage, inwieweit die obige Formalisierung geeignet ist, den "vollen Inhalt" des ursprünglich mengentheoretisch formulierten Vollständigkeitsaxioms zu erfassen. Davon zuerst.

Die zur Verfügung gestellte formale Sprache gestattet nicht, von Mengen als von Elementen eines Individuenbereiches zu sprechen. Um doch von Mengen zu handeln, nehmen wir bei Frege eine Anleihe auf und führen Mengen metatheoretisch, als Extensionen von Prädikaten ein (ohne aber den zweifelhaften Weg der Individuation von extensional beschriebenen Gesamtheiten zu gehen). Statt von Mengen reden wir von sie definierenden Eigenschaften, und was liegt näher, als die in der vorliegenden Sprache ausdrückbaren Eigenschaften von Individuen, eben den reellen Zahlen, heranzuziehen. Um also zu sagen, dass die Menge der reellen Zahlen x mit der Eigenschaft $A(x)$ nicht leer ist, formulieren wir einfach: $\exists x A(x)$; die Existenz einer oberen Schranke drückt sich aus durch: $\exists b \forall x (A(x) \supset x \leq b)$, und so fort. Dies erlaubt die oben angegebene Formulierung des Vollständigkeitsaxioms. Die Frage, inwieweit wir vom "vollen" mengentheoretischen Vollständigkeitsaxiom entfernt sind, ist nun eigentlich die Frage nach der Klasse der durch Eigenschaften $A(x)$ definierbaren Mengen. Diese Frage wird in §3 beantwortet werden.

Die nun folgenden Bemerkungen über die Geschichte des Vollständigkeitsbegriffes können eine Auseinandersetzung mit der Originalliteratur nicht ersetzen, keine Zusammenfassung kann das. Es stehen dafür vorzügliche Editionen zur Verfügung. - Für die griechische Mathematik war der Zahlbegriff aufs engste verknüpft mit der Gössenmessung. Dienlich, und für die Philosophie, insbesondere der Pythagoräer, befriedigend, waren die rationalen Zahlen. Die Entdeckung der Irrationalität von $\sqrt{2}$, die Schwierigkeit mit der Quadratur des Kreises gaben Anstoss zu einer eigenen Mathematik der messbaren Grössen. Hier handelt es sich um eine der grossartigsten, absolut modern anmutenden Schöpfungen der Antike. Sie findet sich im V. Buche Euklids und stammt von Eudoxos. Wir präsentieren sie hier in modernem Gewande, indem wir formulieren, dass ein archimedisches Grössensystem eine linear geordnete abelsche Halbgruppe ist, welche das archimedische Axiom erfüllt.

Archimedische Grössensysteme

Intendierte Strukturen:

$\underline{G} = \langle G, \leq, + \rangle$

Definition:

Für $n \in \{1,2,3,\dots\}$ sei $n \cdot a =_{\text{def.}} \underbrace{a + a + \dots + a}_{n \text{ mal}}$

Axiome:

(i) Abelsche Halbgruppe mit relativem Komplement:

$x+y = y+x,\ (x+y)+z = x+(y+z)$

$x+y \neq x \wedge x \neq y \supset.\ \exists z(x+z = y) \vee \exists z(x = y+z).$

(ii) Ordnungsaxiome:

$x \leqq x,\ x \leqq y \wedge y \leqq x. \supset x = y,$

$x \leqq y \wedge y \leqq z. \supset x \leqq z,\ x \leqq y \vee y \leqq x,$

$x \leqq y \supset x+z \leqq y+z.$

(iii) Archimedisches Axiom:

$\forall x \forall y \exists n(x \leqq n \cdot y).$

Die positiven ganzen Zahlen, die p. rationalen Zahlen und auch die p. reellen Zahlen bilden offenbar archimedische Grössensysteme. Die Beschränkung auf die positiven Zahlen liegt nahe, es sollen schliesslich Grössen gemessen werden. Auf die "unreine" Form des archimedischen Axioms werden wir noch zu sprechen kommen. Eudoxos/Euklid zeigen dann, wie in naheliegender Weise die Ordnung und Addition eines Grössensystems auf (formale) Proportionen $(x:y)$ ausgedehnt werden kann. Darauf beweisen sie einen Satz, den man heute so aussprechen würde:

Jedes archimedische Grössensystem lässt sich isomorph in das System der positiven reellen Zahlen einbetten.

(An diesen Satz kann man auch gleich eine Skizze des versprochenen Beweises der Kategorizität der vollständig geordneten Körper anschliessen: Man zeigt, dass jeder vollständig geordnete Körper auch archimedisch geordnet ist. Als solcher ist er isomorph einem Unterkörper von $\mathbb{R}$, bei dem durch die Zuordnung entsprechender Schnitte ein Isomorphismus auf $\mathbb{R}$ entsteht.)

Statt von einer isomorphen Einbettung spricht Euklid von der "Vergleichbarkeit" archimedischer Grössensysteme. Offenbar war es in der Antike konzeptionell schwierig, davon zu reden, ob man nun "genug" oder "alle" Punkte auf der positiven Halbachse hatte. Doch war die Idee der Vollständigkeit latent vorhanden, wie die Exhaustionsmethoden, vor allem von Archimedes, zeigen.

Wir können nur spekulieren, warum der Schritt zu den reellen Zahlen nicht schon in der Antike getan wurde. Es fallen zwei Gründe an, die auch später in der Entwicklung der Mathematik einwirkten, ein philosophischer und ein mathematischer.

• Die atomistische Tendenz. Die Idee des unteilbar Kleinsten, naturphilosophischen Ursprungs, geistert immer wieder in der Grundlegung der Analysis herum; noch der streitbare Galilei und Cavalieri glaubten zur Begründung ihrer Quadraturen die indivisibili bemühen zu müssen.

• Die Existenz nichtarchimedischer Grössensysteme. Dafür gab es schon in der Antike anschauliche Beispiele, also Systeme von Dingen, die man durchaus als messbar und vergleichbar ansehen würde, die aber nichtarchimedisch angeordnet sind. Ihre Verhältniszahlen $(a : b)$ können also nicht isomorph in $\mathbb{R}$ eingebettet werden.

Gehörnte Winkel

Betrachte Winkel, gebildet durch Kreisbogen, die sich in einem Punkt P der Ebene schneiden, wie folgt:

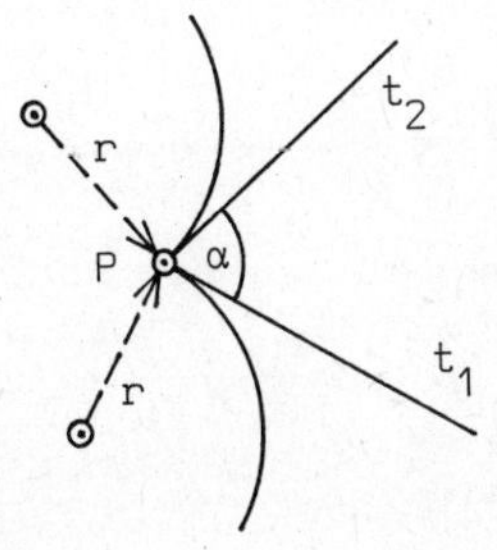

Ein gehörnter Winkel ist ein Paar $(\alpha, 1/r)$, wo α der übliche Winkel zwischen den Tangenten t_1 und t_2, r der Radius der beiden wie oben angebrachten Kreise ist. Grössenvergleiche ergeben sich durch "Ineinanderfügen" von gehörnten Winkeln. Dies stellt sich dar als

$$(\alpha,k) \leqq (\beta,\ell) \underset{\text{def.}}{\equiv} (\alpha < \beta) \vee (\alpha = \beta \wedge k \leqq \ell),$$

$$(\alpha,k) + (\beta,\ell) = (\alpha + \beta, k + \ell).$$

Bemerke $n \cdot (0,1) < (\pi/4, 0)$ für alle n.

Die Existenz messbarer, aber nicht durch reelle Zahlen messbarer, Grössensysteme wurde in der Antike durchaus als paradox empfunden, davon zeugen überlieferte Bemerkungen von Zeno von Elea, Protagoras, Demokritus und von Eudoxos. Noch Vieta und Galilei im 16. und Wallis im 17. Jahrhundert beschäftigten sich damit. In der modernen Masstheorie ignoriert man dies und setzt den Wertebereich eines Masses μ stets als $\mathbb{R}$. Möglicherweise gibt es Ausnahmen in der Oekonometrie, wo "utilities" vielleicht nichtarchimedisch gemessen werden sollten? Von nichtarchimedisch angeordneten Körpern werden wir in §4 sprechen, von solchen gar, welche alle Axiome der elementaren Theorie der reellen Zahlen erfüllen!

Es ist nun Zeit, eine zweite Axiomatisierung vorzustellen. Sie benutzt wesentlich den Begriff der reellwertigen Funktion und kann daher als eine Axiomatisierung der elementaren Analysis betrachtet werden.

Elementare Analysis

Intendierte Struktur:

$\underline{A} = \langle \mathbb{R}, \mathbb{R}^{\mathbb{R}}, +, \cdot, -, ^{-1}, 0, 1, \leqq \rangle$

Sprache und Logik:

Zweisortiger Prädikatenkalkül erster Stufe mit Gleichheit,
Individuenvariablen: $x, y, z, \ldots,$ Funktionsvariablen: $f, g, \ldots,$
Individuenkonstanten: 0, 1. Operationszeichen auf Individuen:
$+, \cdot, -, ^{-1}$, Applikation: $\ldots(\ldots)$, Grundprädikat: $\leqq$.

Axiome:

(i) Geordneter Körper

(ii) Extensionalität:
$f = g \equiv \forall x(f(x) = g(x))$.

(iii) Vollständigkeitsaxiom:
$\forall f[\exists y \forall x(f(x) \leqq y) \supset \exists z\{\forall x(f(x) \leqq z) \wedge \forall y(\forall x(f(x) \leqq y) \supset z \leqq y)\}]$.

(iv) Komprehensionsaxiom:
$\forall x \exists! y A(x,y) \supset \exists f \forall x A(x, f(x))$.

Der Gehalt des Vollständigkeitsaxioms ist in dieser Theorie nun statt mit definierenden Eigenschaften reeller Zahlen mit dem Funktionsbegriff verknüpft. Dieser ist ja durchaus nicht ausser aller Zweifel und hat seinen heutigen intuitiven Gehalt durch eine langwierige und schwierige Entwicklung erhalten. Unter dem Vorwand der geometrischen Reinheit hat Descartes mit seinem vollen Gewicht darauf bestanden, dass nur algebraische Funktionen legitim seien. In unserer Axiomatisierung entspricht dies etwa der Einschränkung, in (iv) nur Formeln $A(x,y)$ ohne Funktionsvariablen zuzulassen. Es wurde aber bald klar, dass man sich damit beschränke; die Sinusfunktion war eine der ersten transzendent bewiesenen Funktionen. Historisch folgten die Zulassung von Funktionen aus Integrationen, als Lösungen von Differentialgleichungen, aus Reihenentwicklungen und dergleichen, durchaus nicht immer ohne leidenschaftlichste Diskussion. Von solchen Funktionen kann man einsehen, dass ihre Existenz aus unseren Axiomen folgt, wenn man nun als $A(x,y)$ jede Formel der vollen Sprache verwenden darf. (Wir wollen darauf hier nicht eingehen.) Schliesslich hat die historische Entwicklung, d.h. einfach das Gewicht der Anwendungen, die Funktionen aus der "Natur", "beliebige Funktionen", den modernen Funktions-"Begriff" hervorgebracht.

Inwieweit ist dieser Begriff definit? Dass Schwierigkeiten bestehen, wird mit obigem Ansatz offenkundig. Wir können etwa fragen: Soll, darf man das Auswahlaxiom dazunehmen?

(v) Auswahlaxiom:
$\forall x \exists y A(x,y) \supset \exists f \forall x A(x,f(x))$.

Gibt es noch mehr Prinzipien, die man dazunehmen müsste oder könnte, solche, welche den Gehalt der Theorie an interessanten Sätzen erweiterten; wie steht es mit der Kontinuumshypothese, etc.? Wir werden in §5 davon sprechen.

Literaturhinweise zu Kapitel I, §2:

Frege & Russel: Briefwechsel (Widerspruch in der Mengenlehre), erschienen in: Jean van Heijenoort: "From Frege to Gödel, a source book in mathematical logic 1879-1931", S. 124-128, Cambridge, Mass., Harvard University Press, 1967.

Bernays, P.: "Betrachtungen über das Vollständigkeitsaxiom und verwandte Axiome", Mathematische Zeitschrift, Band 63, S. 219-299, (1955).

Euklid: "Die Elemente", Ostwalds Klassiker der exakten Wissenschaften, Nr. 235, 1. Teil, 3. Buch, §16, S. 57-59, und Nr. 236, 2. Teil, 5. Buch, S. 17-36. Leipzig, Akad. Verlagsgesellschaft, 1932.

Archimedes: "The Works of Archimedes with the Method of Archimedes", edited by T.L. Heath, insbesondere die Einleitung im Anhang S. 5-11, evtl. auch S. 12-51. New York, Dover.

Kasner, E.: "The Recent Theory of the Horn Angle", Scripta Mathematica, Band 11, S. 263-267, (1945).

Galilei: "Galilei on Infinites and Infinitesimals", in: D.J. Struik: "A Source Book in Mathematics, 1200-1800", S. 198-207. Cambridge, Mass., Harvard University Press, 1969.

§3 Elementare Theorie der reellen Zahlen

Das im vorhergehenden Abschnitt angegebene Axiomensystem ist ein Versuch, die Menge der in der intendierten Struktur geltenden Sätze zu axiomatisieren. Inwieweit ist er gelungen? Der schönste Erfolg einer Axiomatisierung ist erreicht, wenn sich auf ihr ein effektives Entscheidungsverfahren begründen lässt, d.h. ein Verfahren, welches für jeden Satz S der Sprache die Gültigkeit in der intendierten Struktur in endlich vielen Schritten entscheidet. Die informativsten Entscheidungsverfahren, darüber hinaus, sind diejenigen, welche nach dem Muster der Elimination der Quantoren vorgehen. Diese Methode ist auch die älteste, sie wurde in den 20er Jahren von Langford für die Theorie der dichten Ordnung, von Presburger für die (additive) Theorie der ganzen Zahlen, und schliesslich in den 30er Jahren von Tarski für die uns vorliegende Theorie angewandt. Die Zahl der Anwendungen ist inzwischen sehr gross geworden, eine Uebersicht gibt Yu. Ershov in der unten zitierten Arbeit.

Quantorenelimination

Gegeben:
Theorie erster Stufe

Annahme:
Für jede Formel A der Form $\exists x(A_1(x) \wedge \ldots \wedge A_n(x))$, wo $A_i(x)$ negierte oder unnegierte Atomformeln sind, gibt es eine quantorenfreie Formel B derart, dass aus der Theorie die Aequivalenz $A \equiv B$ bewiesen werden kann.

Eliminationsverfahren:
Gegeben ein Satz S .
(1) Wandle innerste Quantoren in Existenzquantoren um, falls sie es nicht schon sind.
(2) Bringe den Wirkungsbereich jedes solchen Quantors in disjunktive Normalform.
(3) Verteile die Existenzquantoren auf die Disjunktionsglieder.
(4) Eliminiere sie gemäss Annahme.
(5) Falls das Resultat nicht quantorenfrei ist, wiederhole Schritte ab (1), sonst werte den Ausdruck zu wahr oder falsch aus.

Die Methode der Quantorenelimination führt die logische Frage nach der Entscheidung auf eine mathematische Frage der Existenzkriterien von Lösungen ganz bestimmter Probleme zurück. Wie steht es also mit Existenzkriterien in der reellen Algebra? Es ist nicht überraschend, dass es solche schon in der klassischen Theorie gibt, denn schliesslich ist die Form der Fragestellung dem Mathematiker naheliegend. Im vorliegenden Fall ist folgender Satz zu zitieren:

Satz (Sturm, 1829): Sei $p(x)$ ein vorgegebenes Polynom mit ganzzahligen Koeffizienten. Man bestimme der Reihe nach $p_1(x) := p'(x)$ durch Differentiation, $p_2(x), p_3(x), \ldots$ durch den Euklidschen Algorithmus:

$$\begin{aligned} p(x) &= q_1(x)\cdot p_1(x) - p_2(x), \quad \mathrm{Grad}(p_2) < \mathrm{Grad}(p_1) \\ p_1(x) &= q_2(x)\cdot p_2(x) - p_3(x), \quad \mathrm{Grad}(p_3) < \mathrm{Grad}(p_2) \\ &\vdots \\ p_{r-1}(x) &= q_r(x)\cdot p_r(x). \end{aligned}$$

Für jedes a sei die Sturmsche Kette definiert zu

$$p(a),\ p_1(a),\ p_2(a),\ \ldots,\ p_r(a),$$

und sei $\omega(a)$ die Anzahl der Vorzeichenwechsel in dieser Kette. Dann zählt für $b < c$ die Formel $\omega(b) - \omega(c)$ die Anzahl (ohne Vielfachheit) der Nullstellen von $p(x)$ in (b,c).

Im Lichte dessen, was wir für die Quantorenelimination brauchen, können wir formulieren:

Satz von Sturm

Für jedes Polynom $p(x, x_1, \ldots, x_n)$ mit ganzzahligen Koeffizienten gibt es eine quantorenfreie Formel $B(x_1, \ldots, x_n, a, b)$ derart, dass

$$a < b \supset . B(x_1, \ldots, x_n, a, b) \equiv \exists x (a < x < b \wedge p(x, x_1, \ldots, x_n) = 0)$$

aus den Axiomen der elementaren Theorie der reellen Zahlen folgt.

Verallgemeinerter Satz von Sturm

Für jede quantorenfreie Formel $A(x, x_1, \ldots, x_n)$ gibt es eine quantorenfreie Formel $B(x_1, \ldots, x_n, a, b)$ derart, dass

$$a < b \supset . B(x_1, \ldots, x_n, a, b) \equiv \exists x(a < x < b \wedge A(x, x_1, \ldots, x_n))$$

aus den Axiomen der elementaren Theorie der reellen Zahlen folgt.

In der Algebra wird der Sturmsche Satz gewöhnlich aus dem Weierstrassschen Satz bewiesen, nach dem jede stetige Funktion, welche das Vorzeichen wechselt, eine Nullstelle besitzt, also als ein Satz der Analysis. Der rein algebraische Charakter des Sturmschen Satzes (und ähnlicher Resultate) haben es nahe gelegt, diese auf rein algebraischem Wege, also ohne Benutzung von Stetigkeitsargumenten zu beweisen, also die algebraischen Grundtatsachen herauszuschälen, welche diesem und ähnlichen Sätzen zugrundeliegen. Dies ist das Programm, welches durch die berühmte Abhandlung von Artin und Schreier zum Abschluss gebracht wurde. Es stellt sich heraus, dass die folgenden Konsequenzen (iii)' und (iii)" des Vollständigkeitsaxioms (iii) für das Artin-Schreiersche Programm genügen:

Elementare Theorie der reell abgeschlossenen Körper

Sprache und Logik:
Prädikatenkalkül erster Stufe mit Gleichheit.
Individuenvariablen: $x, y, z, \ldots$ Individuenkonstanten: $0, 1$.
Funktionszeichen: $+, \cdot, -, ^{-1}$. Grundprädikat: $\leq$.

Axiome:

(i) Körperaxiome

(ii) Ordnungsaxiome

(iii)' $\forall x \exists y (x = y^2 \vee -x = y^2)$

(iii)" Für jede natürliche Zahl n das Axiom:
$\forall x_0 \forall x_1 \ldots \forall x_{2n} \exists y (x_0 + x_1 \cdot y + x_2 \cdot y^2 + \ldots + x_{2n} \cdot y^{2n} + y^{2n+1} = 0)$.

Wir werden nun, erstens, zeigen, dass die Quantorenelimination aus dem verallgemeinerten Satz von Sturm folgt. Daraufhin beweisen wir diesen Satz, und zwar unter Verwendung elementarer Kenntnisse über die Algebra der reellen Zahlen (etwa Weierstrass' und Rolles Sätze). Dass die verwendeten Hilfsmittel für reell-abgeschlossene Körper ganz allgemein zur Verfügung stehen, folgt aus dem Artin-Schreierschen Programm, das in §79 des van der Waerdenschen Algebrabuches durchgeführt ist.

1. Quantorenelimination aus verallgemeinertem Sturmschen Satz

Es sei $A(x, x_1, \ldots, x_n)$ eine quantorenfreie Formel, und es sei der Existenzquantor $\exists x$ in $\exists x A(x, x_1, \ldots, x_n)$ zu eliminieren. Offenbar gilt in jedem geordneten Körper:

$$\begin{aligned}\exists x A(x, x_1, \ldots, x_n) \equiv{}& A(-1, x_1, \ldots, x_n) \vee A(1, x_1, \ldots, x_n)\\ &\vee \exists x(-1 < x < 1 \wedge A(x, x_1, \ldots, x_n))\\ &\vee \exists x(-1 < x < 0 \wedge A(x^{-1}, x_1, \ldots, x_n))\\ &\vee \exists x(0 < x < 1 \wedge A(x^{-1}, x_1, \ldots, x_n)).\end{aligned}$$

Aus der Formel rechts können die Existenzquantoren nach dem noch zu beweisenden Satz eliminiert werden.

2. Beweis des verallgemeinerten Sturmschen Satzes

Wir präsentieren den Beweis in einer Anordnung, die von P. Cohen stammt und sich auch im Buch von Kreisel und Krivine findet. Sie benutzt wesentlich den Begriff des Grades einer quantorenfreien Formel. Atomformeln unserer Sprache können offenbar verstanden werden als Gleichungen und Ungleichungen zwischen rationalen Funktionen mit ganzzahligen Koeffizienten, sind also (modulo Körpertheorie) äquivalent mit Gleichungen $p = 0$ und Ungleichungen $q > 0$ für Polynome p, q mit ganzzahligen Koeffizienten. Der Grad einer quantorenfreien Formel $A(x)$ ist $\max\ \{\mathrm{Grad}(p), \mathrm{Grad}(q) + 1 \mid p = 0$ oder $q > 0$ kommt in A als Atomformel vor$\}$.

LEMMA 1: Seien $p_1, \ldots, p_k, q_1, \ldots, q_\ell$ ganzzahlige Polynome in $x, x_1, \ldots, x_m$. Dann ist

$$p_1 = 0 \wedge p_2 = 0 \wedge \ldots \wedge p_k = 0 \wedge q_1 > 0 \wedge \ldots \wedge q_\ell > 0$$

äquivalent einer quantorenfreien Formel, deren Grad in x kleiner gleich dem Grad in x jedes der Polynome p_i ist.

Beweis: Sei h die Summe der Grade der p_i, q_j. Wir machen Induktion nach h:

$h = 0$: Nichts zu beweisen.

$h > 0$: Wir machen Fallunterscheidung nach k:

$k = 0$: Es ist nichts zu beweisen.

$k = 1$: $p = 0 \wedge q_1 > 0 \wedge q_2 > 0 \wedge \ldots \wedge q_\ell > 0$. (*)
Der einzige interessante Fall ist, dass z.B. $\text{Grad}(q_1) \geqq \text{Grad}(p)$.
Sei $p = ax^m + \ldots,\ q_1 = bx^n + \ldots,\ a, b \neq 0$, $m \leqq n$.
Setze $Q = a^2 q_1 - abx^{n-m} \cdot p$. Dann ist die obige Konjunktion (*) äquivalent mit
$p = 0 \wedge Q > 0 \wedge q_2 > 0 \wedge \ldots \wedge q_\ell > 0$.
Sei nämlich $p = 0 \wedge q_1 > 0$. Dann ist $p = 0$ und $Q = a^2 q_1 > 0$ (da $a \neq 0$).
Sei umgekehrt $p = 0$ und $Q > 0$. Dann ist $a^2 q_1 > 0$, also auch $q_1 > 0$.
Ferner ist $\text{Grad}(Q) < \text{Grad}(q_1)$. Wir haben also die Summe h reduziert und dürfen daher die Induktionsvoraussetzung anwenden.

$k \geqq 2$: Seien $p_1 = a_1 x^{m_1} + \ldots,\ p_2 = a_2 x^{m_2} + \ldots,\ a_1, a_2 \neq 0$, $m_1 \geqq m_2$.
Setze $P = a_2 p_1 - a_1 x^{m_1 - m_2} p_2$.
Dann ist die gegebene Formel äquivalent mit:
$P = 0 \wedge p_2 = 0 \wedge \ldots \wedge p_k = 0 \wedge q_1 > 0 \wedge \ldots \wedge q_\ell > 0$
(die Aequivalenz beweist man wie im Fall $k = 1$).
Die Summe h ist wiederum reduziert worden, daher dürfen wir die Induktionsvoraussetzung anwenden. □

LEMMA 2: Sei $A(x, x_1, \dots, x_n)$ eine quantorenfreie Formel vom Grade h (in x). Seien a,b Parameter, verschieden von $x, x_1, \dots, x_n$, die nicht in A vorkommen. Dann gibt es eine quantorenfreie Formel $B(x_1, \dots, x_n, a, b)$, deren Grade in a und b durch $h+1$ beschränkt sind und in der jede Atomformel höchstens einen der beiden Parameter a,b enthält, derart, dass

$$a < b \supset . B(x_1, \dots, x_n, a, b) \equiv \exists x(a < x < b \wedge A(x, x_1, \dots, x_n)) .$$

Beweis: Induktion nach dem Grade h von A in x.

$h = 0$: $A(x, x_1, \dots, x_n)$ enthält die Variable x nicht, und wir können für B die Formel A selbst nehmen.

$h > 0$: Ohne Verlust an Allgemeinheit dürfen wir annehmen, dass A von der Form

$p_1 = 0 \wedge p_2 = 0 \wedge \dots \wedge p_k = 0 \wedge q_1 > 0 \wedge \dots \wedge q_\ell > 0$

ist, da wir ja die disjunktive Normalform von A hergestellt und den Existenzquantor verteilt denken dürfen.

Wir machen Fallunterscheidung nach k:

$k = 0$: Dann ist A von der Form

$q_1 > 0 \wedge q_2 > 0 \wedge \dots \wedge q_\ell > 0$.

Die zu behandelnde Formel

$\exists x(a < x < b \wedge q_1 > 0 \wedge q_2 > 0 \wedge \dots \wedge q_\ell > 0)$

verlangt, dass die Polynome $q_1, \dots, q_\ell$ in einem Punkt, also einem ganzen Teilintervall $(\alpha,\beta) \subseteq (a,b)$ strikte positiv sind. Dies ist auf verschiedene Weise möglich: Entweder gilt:

I. $G_0(a,b) \equiv \forall x(a < x < b \supset . q_1 > 0 \wedge \dots \wedge q_\ell > 0)$,

oder es gibt ein i, $1 \leq i \leq \ell$, so dass gilt:

II. $G_i(a,b) \equiv \exists v(a < v < b \wedge q_i(v) = 0 \wedge G_0(a,v))$
$\vee \exists v(a < v < b \wedge q_i(v) = 0 \wedge G_0(v,b))$,

oder es existieren i,j, $1 \leq i \leq \ell$, $1 \leq j \leq \ell$, so dass gilt:

III. $H_{ij}(a,b) \equiv \exists u \exists v(a < u < v < b \wedge q_i(u) = 0 \wedge q_j(v) = 0$
$\wedge G_0(u,v))$.

Graphisch:

Die Quantorenelimination in $\exists x(a < x < b \wedge q_1 > 0 \wedge \ldots \wedge q_\ell > 0)$

I. $G_0(a,b)$: $\forall x(a < x < b \supset . q_1 > 0 \wedge \ldots \wedge q_\ell > 0)$.

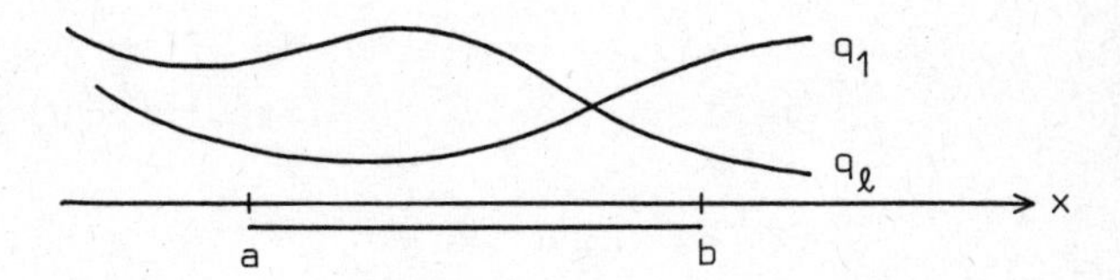

II. $G_i(a,b)$: $\exists \upsilon(a < \upsilon < b \wedge q_i(\upsilon) = 0 \wedge G_0(a,\nu)) \vee$
$\exists \nu(a < \nu < b \wedge q_i(\nu) = 0 \wedge G_0(\nu,b))$.

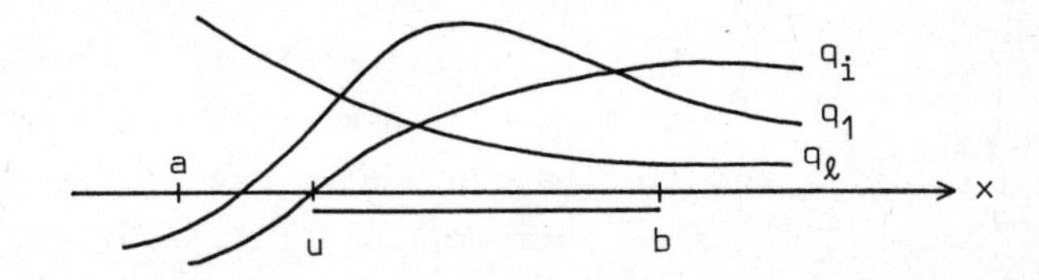

III. $H_{ij}(a,b)$:
$\exists \upsilon \exists \nu(a < \upsilon < \nu < b \wedge q_i(\upsilon) = 0 \wedge q_j(\nu) = 0 \wedge G_0(\upsilon,\nu))$.

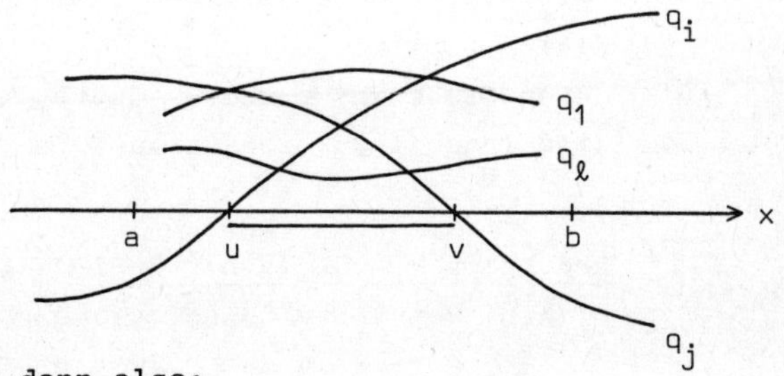

Es gilt dann also:

$\exists x(a < x < b \wedge q_1 > 0 \wedge \ldots \wedge q_\ell > 0) \equiv$
$G_0(a,b) \vee G_1(a,b) \vee \ldots \vee G_\ell(a,b) \vee H_{11}(a,b) \vee \ldots$
$\vee H_{1\ell}(a,b) \vee H_{21}(a,b) \vee \ldots \vee H_{\ell\ell}(a,b)$.

Wir erhalten also $\ell^2 + \ell + 1$ Disjunktionsglieder, die wir reduzieren müssen:

I. Reduktion von $G_0(a,b)$:

$$\begin{aligned} G_0(a,b) &\equiv \forall x(a < x < b \supset . q_1 > 0 \wedge \ldots \wedge q_\ell > 0) \\ &\equiv \forall x(a < x < b \supset . q_1 > 0) \wedge \\ &\quad \forall x(a < x < b \supset . q_2 > 0) \wedge \\ &\quad \vdots \\ &\quad \forall x(a < x < b \supset . q_\ell > 0) \end{aligned}$$

Hierbei ist der Grad jedes der Polynome $q_1, \dots, q_\ell$ strikte kleiner als h (da $h = \mathrm{Grad}(A)$). Ferner gilt: Ein Polynom q_i ist im offenen Intervall (a,b) strikte positiv, falls erstens q in diesem Intervall keine Nullstelle hat und zweitens entweder q selbst oder die erste nicht verschwindende Ableitung von q in a positiven Wert hat.

D.h. in Formeln:

$$\forall x(a < x < b \supset. q_i > 0) \equiv$$
$$\neg \exists x(a < x < b \wedge q_i = 0) \wedge$$
$$(q_i(a) > 0 \vee (q_i(a) = 0 \wedge q_i'(a) > 0) \vee \dots \vee$$
$$(q_i(a) = 0 \wedge q_i'(a) = 0 \wedge \dots \wedge q_i^{(h-2)}(a) = 0 \wedge q_i^{(h-1)}(a) > 0)) .$$

Der Grad in x dieser letzten Formel ist für jedes q_i, $1 \leqq i \leqq \ell$, strikte kleiner als h. Nach Induktionsvoraussetzung kann also jede dieser Formeln reduziert werden, also auch die Konjunktion von ℓ solchen Formeln, d.i. $G_0(a,b)$. Als Resultat der Reduktion erhalten wir eine Formel der Gestalt

$$\bigwedge_{i=1}^{\ell} (\neg B_i(x_1, \dots, x_n, a, b) \wedge K_i(a)) ,$$

also eine Formel der Form

$$K(a) \wedge L(b) ,$$

deren Grade in a und b durch h beschränkt sind (nach Induktionsvoraussetzung).

II. <u>Reduktion von $G_i(a,b)$, $1 \leq i \leq \ell$</u>

$$G_i(a,b) \equiv \exists v(a < v < b \wedge q_i(v) = 0 \wedge G_0(a,v)) \vee$$
$$\exists v(a < v < b \wedge q_i(v) = 0 \wedge G_0(v,b))$$

Nach I. gilt $G_0(a,v) \equiv K(a) \wedge L(v)$

$G_0(v,b) \equiv K(v) \wedge L(b)$

Also ergibt sich

$$G_i(a,b) \equiv K(a) \wedge \exists v(a < v < b \wedge q_i(v) = 0 \wedge L(v)) \vee$$
$$\exists v(a < v < b \wedge q_i(v) = 0 \wedge K(v) \wedge L(b)) .$$

Nach dem oben Gesagten ist der Grad in v von $G_i(a,b)$ durch h beschränkt. Durch Anwendung von Lemma 1 lässt sich der Grad jedes Disjunktionsgliedes auf höchstens $h-1$ reduzieren, so dass wir die Induktionsvoraussetzung auf $G_i(a,b)$ anwenden und $G_i(a,b)$ reduzieren können.

III. Reduktion von $H_{ij}(a,b)$, $1 \leqq i \leqq \ell$, $1 \leqq j \leqq \ell$

$$H_{ij}(a,b) \equiv \exists u \exists v (a < u < v < b \wedge q_i(u) = 0 \wedge q_i(v) = 0 \wedge G_0(u,v))$$

Nach I. gilt $G_0(u,v) \equiv K(u) \wedge L(v)$

Also ergibt sich

$$H_{ij}(a,b) \equiv \exists u (a < u < b \wedge q_i(u) = 0 \wedge K(u) \wedge \exists v (u < v < b \wedge q_j(v) = 0 \wedge L(v))\,.$$

Der Grad in v der inneren Existenzaussage ist durch h beschränkt (nach I.); ferner gilt $\mathrm{Grad}(q_j) \leqq h-1$. Durch Anwendung von Lemma 1 lässt sich der Grad in v der inneren Existenzaussage auf den Grad von q_j reduzieren, so dass wir die Induktionsvoraussetzung anwenden können. Wir erhalten:

$$H_{ij}(a,b) \equiv \exists u (a < u < b \wedge q_i(u) = 0 \wedge K(u) \wedge M(u,b))\,.$$

Der Grad in u dieser Existenzaussage ist durch h beschränkt; durch Anwendung von Lemma 1 lässt sich dieser Grad auf den Grad von q_i ($\leqq h-1$) reduzieren, so dass wir wieder die Induktionsvoraussetzung anwenden können und $H_{ij}(a,b)$ reduzieren können.

$k = 1$: A ist von der Form

$$p = 0 \wedge q_1 > 0 \wedge \ldots \wedge q_\ell > 0\,.$$

O.B.d.A. dürfen wir annehmen, dass gilt

$\mathrm{Grad}(p) = h$, $\mathrm{Grad}(q_i) < h$, $i=1, \ell$

(sonst könnte man Lemma 1 anwenden und den Grad von p ($< h$) reduzieren und die Induktionsvoraussetzung anwenden). Es gilt:

$$\begin{aligned}&\exists x (a < x < b \wedge p = 0 \wedge q_1 > 0 \wedge \ldots \wedge q_\ell > 0 \equiv \\ &\exists x (a < x < b \wedge p = 0 \wedge q_0 > 0 \wedge \ldots \wedge q_\ell > 0) \vee \\ &\exists x (a < x < b \wedge p = 0 \wedge q_0 = 0 \wedge \ldots \wedge q_\ell > 0) \vee \\ &\exists x (a < x < b \wedge p = 0 \wedge -q_0 > 0 \wedge \ldots \wedge q_\ell > 0)\,,\end{aligned}$$

wobei q_0 die Ableitung des Polynoms p bezeichnet. Wir bezeichnen die erste Alternative mit A_1, die zweite mit A_2 und die dritte mit A_3.

I. Reduktion von A_1

Wir betrachten wieder die Hilfsformeln

$G_0(a,b) \equiv \forall x(a < x < b \supset . q_0 > 0 \wedge \dots \wedge q_\ell > 0)$

$G_i'(a,b) \equiv \exists u(a < u < b \wedge q_i(u) = 0 \wedge p(u) > 0 \wedge G_0(a,u))$

$G_i''(a,b) \equiv \exists v(a < v < b \wedge q_i(v) = 0 \wedge -p(v) > 0 \wedge G_0(v,b))$

$H_{ij}(a,b) \equiv \exists u \exists v(a < u < v < b \wedge q_i(u) = 0 \wedge q_j(v) = 0 \wedge$
$-p(u) > 0 \wedge p(v) > 0 \wedge G_0(u,v))$

Es gilt:

$A_1 \equiv (-p(a) > 0 \wedge p(b) > 0 \wedge G_0(a,b)) \vee$
$(-p(a) > 0 \wedge G_0'(a,b)) \vee$
$\vdots$
$(-p(a) > 0 \wedge G_\ell'(a,b)) \vee$
$(p(b) > 0 \wedge G_0''(a,b)) \vee$
$\vdots$
$(p(b) > 0 \wedge G_\ell''(a,b)) \vee$
$H_{00}(a,b) \vee \dots \vee H_{\ell\ell}(a,b)$.

(Wir verwenden hier den Satz von Weierstrass und den Satz, dass eine Funktion mit positiver Ableitung monoton wachsend ist.)

Wie im Fall $k = 0$ zeigt man:

$G_0(a,b) \equiv K(a) \wedge L(b)$,

wobei die Grade in a und b dieser letzten Formel durch h beschränkt sind. Daraus folgt, dass man G_i', G_i'', H_{ij} reduzieren kann (wie im Fall $k = 0$). A_1 lässt sich also reduzieren zu einer Formel, deren Grade in a und b durch $h + 1$ beschränkt sind. ($p(a) > 0$ hat Grad $h + 1$ in a).

II. Reduktion von A_2

Durch Anwendung von Lemma 1 erhält man eine Formel vom Grade $h - 1$ (= Grad(q_0)), die nach Induktionsvoraussetzung reduzierbar ist.

III. Reduktion von A_3

Geht analog zur Reduktion von A_1.

k = 2: Dieser Fall lässt sich unter Verwendung des Euklidischen Algorithmus auf den Fall $k = 1$ zurückführen: $p_1 = 0$ und $p_2 = 0$ haben eine gemeinsame Lösung genau dann, wenn der grösste gemeinsame Teiler (der nicht grössern Grad hat!) eine Nullstelle besitzt. □

Der nun zu Ende bewiesene Satz über Quantorenelimination in der Theorie reell abgeschlossener Körper kann auf verschiedene Weise betrachtet werden. Am naheliegendsten ist es zu sagen, dass mit diesem Satz die auf der Schule gelehrte elementare Algebra der reellen Zahlen zu einem vollkommenen Abschluss gebracht wurde: Wer das Entscheidungsverfahren kennt, braucht im Prinzip in der reellen Algebra nichts mehr dazu zu lernen. Darüber noch mehr weiter unten. Auf einem höheren Standpunkt darf man von einem mathematischen und von einem formallogischen Aspekt des Satzes sprechen. Dazu bemerken wir zuerst, dass man selbstverständlich nicht nur einen Existenzquantor, sondern eine endliche Folge von solchen vor einer quantorenfreien Formel eliminieren kann; insbesondere lässt sich also

$$\exists x_1 \exists x_2 \ldots \exists x_n (p_1 = 0 \wedge \ldots \wedge p_k = 0 \wedge q_1 > 0 \wedge \ldots \wedge q_l > 0)$$

äquivalent in eine Disjunktion von Polynomgleichungs- und Ungleichungssystemen verwandeln. Das oben beschriebene Verfahren müsste dann n mal angewandt werden. Ein alternatives Quantoreneliminationsverfahren ist von Seidenberg gefunden worden; es verwendet Methoden der algebraischen Geometrie und gestattet, direkt und aufs Mal beliebig viele Existenzquantoren zu eliminieren. Ueberdies braucht es Ungleichungen nicht zu behandeln, da gilt:

$$p > 0 \equiv \exists v (p \cdot v^2 = 1) .$$

Da, wie schon bemerkt,

$$p_1 = 0 \wedge \ldots \wedge p_k = 0 \quad .\equiv \quad p_1^2 + p_2^2 + \ldots + p_k^2 = 0 ,$$

muss Seidenberg lediglich zeigen, dass für jedes Polynom p in n Variablen entschieden werden kann, ob es in $\mathbb{R}^n$ eine Nullstelle besitzt,

$$\exists x_1 \exists x_2 \ldots \exists x_n (p = 0) .$$

Satz von Tarski, math. Form

Zu jedem System S von Gleichungen und Ungleichungen rationaler Funktionen in $x_1, \ldots, x_n$ mit Parametern $a_1, \ldots, a_m$ kann man effektiv endlich viele Systeme $T_1, \ldots, T_k$ von Polynomgleichungen und -ungleichungen in den Parametern allein finden, derart, dass S eine Lösung in $x_1, \ldots, x_n$ genau dann besitzt, wenn die Parameter $a_1, \ldots, a_m$ mindestens eines der Systeme T_i befriedigen.

Die reelle Algebra wird mit diesem Satz in der Weise abgeschlossen, dass für jedes Problem ein sicher zum Ziel führendes Lösungsverfahren vorgeschlagen wird. Es ist allerdings zu bemerken, dass gerade die Allgemeinheit der Lösungsverfahren ihrer Effizienz i.a. nachträglich ist und es durchaus vorzuziehen ist, für spezielle Problemklassen auch nach spezifischeren Algorithmen zu streben. Der allgemeine Satz hat sehr schöne theoretische Anwendungen, wir erwähnen hier nur die Anwendung auf partielle Differentialgleichungen, wie sie in A. Friedmanns Buch dargestellt ist und welche auf P. C. Rosenbloom zurückgeht.

Ist das Entscheidungsverfahren selbst von Nutzen? Hier ist zuerst einmal zu bemerken, dass es äusserst reizvolle, und zum Teil noch ungelöste Problemstellungen in der sogenannten Elementarmathematik gibt, auf welche das Verfahren im Prinzip angewandt werden kann. Wir erwähnen zwei davon, eine stammt von Poncelet (dem Begründer der projektiven Geometrie), die andere von Euler.

Poncelets Problem

Gegeben zwei Kegelschnitte in der Ebene. Frage: Gibt es einen geschlossenen Polygonzug, welcher dem einen Kegelschnitt einbeschrieben, dem andern umbeschrieben ist?

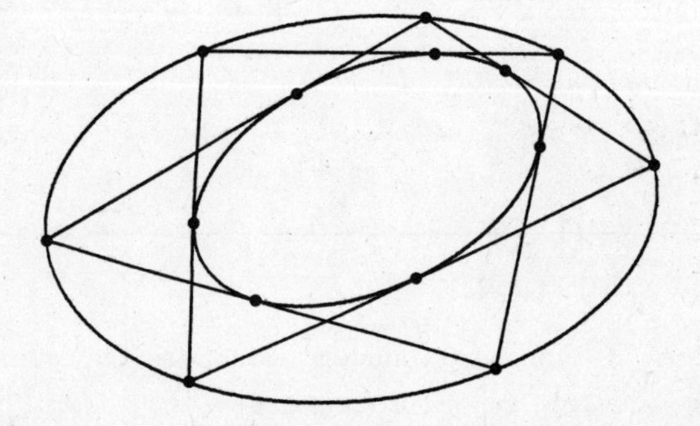

Dieses Problem ist von Poncelet selbst gelöst worden; später haben sich Jacobi und Cayley damit beschäftigt. {Eine neuere Arbeit darüber von P. Griffiths und J. Harris findet sich im L'Enseignement Mathématiques 26 (1978).}

<u>Eulers Problem</u>

Wieviele Punkte im Abstand mindestens r haben auf einer Kugeloberfläche vom Radius r Platz?

Zwölf oder dreizehn?

Dieses Problem wurde erst in diesem Jahrhundert von Schütte und van der Waerden mit analytischen Hilfsmitteln gelöst. An diesem Beispiel wollen wir kurz auf ein wohl typisches Phänomen hinweisen. Die Eulersche Vermutung lässt sich offensichtlich durch eine Formel von sehr niedrigem Grade ausdrücken; der Beweis mittels Quantorenelimination führt an keiner Stelle Formeln höheren Grades ein, wie wir festgestellt haben. Hingegen verwendet der kürzere, analytische Beweis Abschätzungen mittels trigonometrischen Funktionen. Jeder solche Beweis kann elementarisiert werden, indem man die trigonometrischen Funktionen durch Anfangstücke ihrer Reihenentwicklung ersetzt. Man bemerkt aber, dass die Abschätzungen nur klappen, wenn diese Anfangstücke Polynome höheren Grades sind als die in der Problemstellung auftretenden!

Wie steht es mit der Realisierung eines Entscheidungsverfahrens auf einem Computer? Ein solches Projekt, wenn es überhaupt praktische Zwecke erfüllen soll, ist überaus umfangreich und anspruchsvoll. Zur Zeit ist das System von G. Collins, Wisconsin, das einzige, das reelle Aussichten hat. Wie schon Tarski bemerkt hat, ist die zentrale Frage die nach dem Wachstum des Umfangs des Entscheidungsalgorithmus mit der Komplexität der zu entscheidenden Formel. Zu diesem Thema ist folgendes Resultat relevant, das wir ohne Beweis zitieren.

<u>Satz von Fischer und Rabin</u>

Es gibt eine Konstante $d > 0$ derart, dass für jeden Entscheidungsalgorithmus für Sätze der reellen Algebra ohne Multiplikations- und Inversenzeichen es eine Zahl n_0 gibt mit folgender Eigenschaft: Für jede natürliche Zahl $n \geqq n_0$ gibt es einen Satz der Länge n, für den der Algorithmus mindestens $2^{d \cdot n}$ Rechenschritte benötigt.

{Das Verfahren von Collins hat einen Rechenaufwand von $(2n)^{2^{2r+8}} m^{2^{r+6}} d^3 a$, wo r die Anzahl Variablen, m die Anzahl Polynome, n das Maximum der Grade der Polynome, d die maximale Länge von ganzzahligen Koeffizienten und a die Anzahl der Atomformeln des betreffenden Satzes ist. Dies ergibt, für einen Satz der Länge n, etwa eine Rechenzeit von $2^{2^{k \cdot n}}$, wo $k \leqq 8$.}

Wir kommen nun zum formallogischen Aspekt des Satzes von Tarski. Wie schon bemerkt, zeigt eine Analyse des Beweises, dass von den Eigenschaften des Körpers der reellen Zahlen lediglich diejenigen benutzt werden, welche aus den Axiomen für reell-abgeschlossene Körper folgen.

<u>Satz von Tarski, logische Form</u>

Ein Satz der elementaren Algebra gilt im Körper der reellen Zahlen genau dann, wenn er in allen reell abgeschlossenen Körpern gilt. Die Gültigkeit, also die Herleitbarkeit aus den Axiomen der reell abgeschlossenen Körper ist entscheidbar.

Dieser Satz erledigt eine ganze Reihe von Fragestellungen der Körpertheorie in beinahe trivialer Weise. Nehmen wir als Beispiel den Brouwerschen Fixpunktsatz: Es sei M eine abgeschlossene, beschränkte, konvexe Menge in $\mathbb{R}^n$ und f eine stetige Abbildung von M in sich, dann hat f einen Fixpunkt in M.

Wir machen aus dieser Aussage durch Spezialisierung einen Satz der elementaren Algebra: Sei M die Menge der Punkte $\vec{x}$, die eine gegebene Formel $A(\vec{x})$ erfüllen.

M sei beschränkt:

$$\exists z(z \geq 0 \wedge \forall \vec{x}(A(\vec{x}) \supset |\vec{x}| \leq z)) .$$

M sei abgeschlossen:

$$\forall \vec{x}(\neg A(\vec{x}) \supset \exists w(w > 0 \wedge \forall \vec{z}(|\vec{x}-\vec{z}| < w \supset \neg A(\vec{z})))) .$$

M sei konvex:

$$\forall \vec{x} \forall \vec{y}(A(\vec{x}) \wedge A(\vec{y}) . \supset \forall u \forall v(0 \leq u \leq 1 \wedge 0 \leq v \leq 1 \wedge u+v=1 . \supset A(u \cdot \vec{x} + v \cdot \vec{y}))) .$$

Die rationale Funktion $f = \frac{p}{q}$ sei stetig in M :

$$\forall \vec{x}(A(\vec{x}) \supset q(\vec{x}) \neq 0) .$$

Die Funktion f hat einen Fixpunkt in M :

$$\exists \vec{x}(f(\vec{x}) = \vec{x} \wedge A(\vec{x})) .$$

Mit diesen Erklärungen ist der Satz von Brouwer vollständig übersetzt, er gilt also in allen reell abgeschlossenen Körpern in dieser Form (obwohl die zu seinem Beweis benutzten topologischen Hilfsmittel dort nicht zur Verfügung stehen!).

Satz von Brouwer-Tarski

Sei M eine elementar definierbare, abgeschlossene, beschränkte und konvexe Menge in F^n , F ein reell abgeschlossener Körper, dann hat jede in M stetige rationale Funktion in M einen Fixpunkt. {Lässt sich noch verallgemeinern.}

Eine weitere Konsequenz des Satzes von Tarski ist der Definierbarkeitssatz, der die in §2 aufgeworfene Frage nach der Klasse der durch Eigenschaften $A(x)$ in der elementaren Sprache definierbaren Mengen beantwortet:

Definierbarkeitssatz:

In der elementaren Sprache von $\mathbb{R}$ sind genau diejenigen Teilmengen $M \subseteq \mathbb{R}$ durch Formeln $A(x)$ definierbar, die aus endlich vielen offenen (halboffenen, abgeschlossenen) Intervallen von $\mathbb{R}$ mit algebraischen Endpunkten bestehen.

Aus diesem Satz, einer Konsequenz der Quantorenelimination, ergibt sich als unmittelbare Folgerung, dass die Menge $\mathbb{N}$ der natürlichen Zahlen als Teilmenge von $\mathbb{R}$ nicht durch eine elementare Formel $N(x)$ definierbar ist.

Zum Schluss erwähnen wir noch die Anwendung auf die Lösung (durch Artin, 1927) des 17. Hilbertschen Problems durch A. Robinson und Kreisel.

Das 17. Hilbertsche Problem

Sei f eine rationale Funktion in n Variablen über $\mathbb{R}$ und sei $f > 0$ in $\mathbb{R}^n$. Gibt es rationale Funktionen g_i, $i = 1, \ldots, m$, derart, dass $f = \sum_{i=1}^{m} g_i^2$?

Artins Antwort ist positiv; Robinson hat sie mit formallogischen Mitteln direkter bewiesen, und Kreisel zeigt, dass die Anzahl der g_i und das Maximum der Grade der in die g_i eingehenden Polynome berechnet werden können aus dem Maximum der Grade der beiden Polynome in Zähler und Nenner von f. Das Entscheidungsverfahren dient der Berechnung; allerdings sind die dabei für den allgemeinen Fall gefundenen Schranken nicht die besten.

Literaturhinweise zu Kapitel I, §3:

Tarski, A.: "A Decision Method of Elementary Algebra and Geometry", Berkeley, University of California Press, 1951.

Seidenberg, A.: "A New Decision Method for Elementary Algebra", Annals of Mathematics, Band 60, S. 365-374, (1954).

Ershov, Yu. et. al.: "Elementary Theories", Russian Mathematical Surveys, Band 20 (4), S. 35-105, insbesondere S. 94-99, (1965).

Fischer, M.J. & Rabin, M.O.: "Super-Exponential Complexity of Presburger Arithmetic", SIAM-AMS Proceedings, Band 7, S. 27-41, (1974).

Collins, G.E.: "Quantifier Elimination for Real Closed Fields by Cylindrical Algebra Decomposition", Springer Lecture Notes in Computer Science 33, S. 134-183, 1975.

Hilbert, D.: "Mathematische Probleme", besonders das 17. Problem: "Darstellung definiter Formen durch Quadrate", Ostwalds Klassiker der exakten Wissenschaften, Band 252, insbesondere S. 63-64. Leipzig, Akad. Verlagsgesellschaft, 1933.

Artin, E. & Schreier, O.: "Algebraische Konstruktion reeller Körper", Abhandlungen aus dem mathematischen Seminar der Universität Hamburg, Band 5, S. 85-99, (1927).

Artin, E.: "Ueber die Zerlegung definiter Funktionen in Quadrate", Abhandlungen aus dem mathematischen Seminar der Universität Hamburg, Band 5, S. 100-115, (1927).

Friedmann, A.: "Generalized Functions and Partial Differential Equations", besonders S. 218-225. Englewood Cliffs, Prentice-Hall, 1963.

§4 Non-standard Analysis

In den ersten hundertfünfzig Jahren ihres Bestehens nannte man die Differential- und Integralrechnung die Analyse des Unendlichkleinen, so z.B. heisst Eulers einflussreiches Lehrbuch: Introductio in Analysin Infinitorum (Lausanne, 1748). Die unendlich kleinen Grössen, denen wir als "Atome der Geraden" bei Cavalieris Integrationen schon begegneten, spielen also immer noch eine grosse Rolle. Schon bei den Problemen der Tangentenbestimmung und der Maximum/Minimum-Aufgaben haben auch die Vorgänger von Newton und Leibniz eine neue Verwendung verschwindend kleiner Grössen gefunden. Leibniz führte sie dann systematisch in der Form von Differentialen ein. Er wollte Differentiale durchaus verstanden wissen als legitime Elemente des Variationsbereiches und des Wertebereiches betrachteter Funktionen. Doch weder er noch seine Nachfolger lieferten eine Grundlage zu ihrer mathematischen Konkretisierung. So haftete der stürmischen Entwicklung der Analysis bis weit in die Aufklärungszeit hinein in ihren Grundbegriffen etwas bedenklich Provisorisches an. Dies führte zu den bekannten Angriffen des witzigen und wohlinformierten Bishop Berkeley, der den damals an intellektueller Arroganz leidenden exakten Wissenschaften vorwerfen durfte, sie hätten selbst ihre dunklen Annahmen. Die Differentiale nannte er sehr treffend "Geister abgeschiedener Grössen" (ghosts of departed quantities).

Im 19. Jahrhundert geschah eine vollständige und methodische Abwendung vom Unendlichkleinen; die Begründung der Analysis fusst nun auf der auch heute noch gelehrten ε-δ-Technik von Cauchy und Weierstrass. Dieser Zugang hat jedoch vieles von der - zwar nicht begründeten - Anschaulichkeit des Infinitesimale verloren. Ja, es machte sich sogar die Anschauung breit, dass es mathematisch unmöglich sei, die Infinitesimale zu retten und ins Paradies von Leibniz zurückzukehren.

Ansätze zu einer Legitimierung der Infinitesimale in der Analysis finden sich erst wieder im 20. Jahrhundert mit der Entdeckung nichtarchimedisch geordneter Körper. Aber erst 1960 wurde durch A. Robinson eine saubere, elementare Lösung des Problems der Einführung von Infinitesimalen als Elemente des Grundbereiches der Analysis gefunden.

Ist das Axiomensystem für die elementare Theorie der reellen Zahlen kategorisch, d.h.: Gibt es ausser der intendierten Struktur $\mathbb{R}$

noch andere Modelle? Dass dem so ist, folgt aus allgemeinen Sätzen der Prädikatenlogik erster Stufe, insbesondere dem berühmten "Satz von Löwenheim-Skolem-Malcev-Tarski"; wir werden die Tatsache selbst weiter unten direkt beweisen. Woran liegt das? Offenbar haben wir durch die Beschränkung des Stetigkeitsbegriffes auf elementar definierbare Mengen zwar die Theorie selbst vollständig und entscheidbar gemacht, andererseits aber die intendierte Struktur sozusagen aus den Augen verloren. Im vorliegenden Abschnitt soll aus dieser "Not" eine "Tugend" gemacht werden, dadurch, dass wir die Existenz nichtintendierter Modelle für die reellen Zahlen ausnutzen. Solche unterscheiden sich zwar von $\underline{\mathbb{R}}$ nicht in ihren elementar formulierbaren Eigenschaften, durchaus aber in Eigenschaften, welche z.B. topologischer Natur sind. Die Methode der sogenannten "Non-standard Analysis" besteht in der geschickten Ausnutzung dieser Tatsache.

Wir beginnen mit der Konstruktion von Modellen der vorgelegten Theorie von $\underline{\mathbb{R}}$. Dabei ist unter "Konstruktion" etwas deutlich nicht Konstruktives mit einzubeziehen, wie es ja in der modernen Mathematik durchaus gebräuchlich ist. Insbesondere werden wir von folgendem nichtkonstruktiven Existenzsatz wesentlich Gebrauch machen.

Zorns Lemma

Sei P eine partiell geordnete Menge, in der jede nichtleere total geordnete Teilmenge eine obere Schranke besitzt. Dann hat P ein maximales Element.

Bekanntlich ist Zorns Lemma äquivalent dem Auswahlprinzip der Mengenlehre, über welches wir noch sprechen werden. In der Algebra ist die Konstruktion der direkten Potenz einer gegebenen algebraischen Struktur, etwa einer Gruppe, ein wohlbekanntes Hilfsmittel; die direkte Potenz einer Gruppe ist stets wieder eine Gruppe. Immerhin kann die direkte Potenz einer Struktur deutlich abweichende Eigenschaften haben. Von diesem Phänomen handelt das nun folgende Beispiel.

<u>Beispiel einer direkten Potenz</u>

Ausgangsstruktur $\underline{A}$: Eine Menge mit zwei Elementen, a und b geordnet nach der Vorschrift $a \leq b$, $a \neq b$.

Direkte Potenz $\underline{A}^2$: Menge aller Paare (x,y), wo x,y gleich a oder b sind, geordnet nach der Vorschrift $(x,y) \leq (u,v) \equiv.\ x \leq u \wedge y \leq v$.

$\underline{A}^2$ ist nicht total geordnet, während $\underline{A}$ es noch war.

$$\begin{array}{ccccc} & & (b,b) & & \\ & \leq & & \geq & \\ (a,b) & & & & (b,a) \\ & \geq & & \leq & \\ & & (a,a) & & \end{array}$$

Die direkte Potenz kann uns also i.A. nicht dazu dienen, aus alten Strukturen neue zu machen, welche dieselben elementaren Eigenschaften haben. Dazu dient hingegen eine Verfeinerung der direkten Potenzkonstruktion, welche von Th. Skolem zuerst verwendet, von J. Łos zuerst allgemein beschrieben wurde. Wir brauchen dazu den Begriff des Filters, wie er auch in der Topologie vorkommt.

<u>Filter und Ultrafilter</u>

Sei $I \neq \emptyset$, D eine nichtleere Familie von Teilmengen I .
D heisst <u>Filter</u> auf I , falls gilt:

(a) $\emptyset \notin D$
(b) $E \in D \wedge F \in D. \supset E \cap F \in D$
(c) $E \in D \wedge E \subseteq F \subseteq I. \supset F \in D$

D heisst <u>Ultrafilter</u> auf I , falls zusätzlich:

(d) $E \subseteq I \supset. E \in D \vee (I - E) \in D$.

Als Beispiel eines Filters erwähnen wir den sogenannten Fréchet-Filter; er besteht aus denjenigen Mengen von natürlichen Zahlen, deren Komplement endlich ist. Offenbar ist diese Familie von Teilmengen von $\mathbb{N}$ ein Filter. Doch ein Ultrafilter ist sie nicht: Weder die Menge der geraden noch diejenige der ungeraden Zahlen gehören ihr an. Immerhin lässt sich der Fréchet-Filter, nichtkonstruktiv, zu einem Ultrafilter erweitern. Dies folgt aus dem allgemeinen

Satz von Tarski: Jeder Filter D_0 über I lässt sich zu einem Ultrafilter D über I erweitern.

Beweis: Sei F die Menge aller Filter D' über I, welche D_0 erweitern, d.h. $D' \supseteq D_0$. F ist nicht leer und ist vermöge der Inklusion $\subseteq$ partiell geordnet. Jede total geordnete Menge von Filtern in F hat eine obere Schranke in F, nämlich ihre Vereinigungsmenge. Es sind die Voraussetzungen des Zornschen Lemmas erfüllt, und es gibt also ein maximales Element in F, nennen wir es D. Wir behaupten, dass der Filter D ein Ultrafilter sei. Gegenannahme: Sei $E \notin D$ und $(I-E) \notin D$. Dann bilden wir D', die Menge aller $X \subseteq I$, für welche $E \cup X \in D$. Man findet, dass D' ein Filter ist:
$\emptyset \notin D'$, da $E \cup \emptyset = E \notin D$;
falls $E \cup X \in D$ und $E \cup Y \in D$, so $E \cup (X \cap Y) = (E \cup X) \cap (E \cup Y) \in D$;
falls $E \cup X \in D$ und $Y \supseteq X$, so $E \cup X \subseteq E \cup Y \in D$.
Nach Konstruktion ist $D' \supseteq D$, da aus $U \in D$ folgt $U \subseteq E \cup U \in D$, also $U \in D'$. Wegen der Maximalität ist also $D = D'$; dies ist aber unmöglich, da $(I-E) \notin D$ aber $(I-E) \in D'$, weil $E \cup (I-E) = I \in D$. □

Es sei also D ein Ultrafilter, welcher den Fréchet-Filter über $\mathbb{N}$ erweitert; wir halten ihn für das folgende fest und kommen nun zur erwähnten Konstruktion von Ultrapotenzen. Intuitiv gesprochen, besteht die Ultrapotenz von $\mathbb{R}$ aus Folgen von reellen Zahlen, wobei zwei Folgen identifiziert werden, falls sie "beinahe überall" übereinstimmen. Die Erklärung von "beinahe überall" wird vom Filter D übernommen: $\{a_i\}_{i\in\mathbb{N}}$ und $\{b_i\}_{i\in\mathbb{N}}$ sollen "gleich" sein, wenn $\{i \in \mathbb{N} \mid a_i = b_i\} \in D$. Auf den so definierten Aequivalenzklassen werden "$\leq$", "+", etc. in geeigneter Weise erklärt. Sie finden die Details im nachfolgenden Rahmen.

Ultrapotenz von $\underline{\mathbb{R}}$

$\underline{\mathbb{R}} = \langle \mathbb{R}, \leq, +, \cdot, -, ^{-1}, 0, 1 \rangle$.

$\mathbb{N} = \{0, 1, 2, \ldots\}$, D Ultrafilter über $\mathbb{N}$, welcher alle co-endlichen Mengen enthält.

$\underline{\mathbb{R}}_D^{\mathbb{N}} = \langle \mathbb{R}^{\mathbb{N}}/_D, \leq_D, +_D, \cdot_D, -_D, {}^{-1}_D, 0_D, 1_D \rangle$,

definiert durch:

$\{a_i\}_{i\in\mathbb{N}}/D = \{\{b_i\}_{i\in\mathbb{N}} \mid \{i \in \mathbb{N} \mid a_i = b_i\} \in D\}$,

$\mathbb{R}^{\mathbb{N}}/_D = \{\{a_i\}_{i\in\mathbb{N}}/D \mid a_i \in \mathbb{R}, i \in \mathbb{N}\}$.

$\{a_i\}_{i\in\mathbb{N}}/D \leq_D \{b_i\}_{i\in\mathbb{N}}/D \equiv \{i \in \mathbb{N} \mid a_i \leq b_i\} \in D$;

$\{a_i\}_{i\in\mathbb{N}}/D +_D \{b_i\}_{i\in\mathbb{N}}/D = \{a_i + b_i\}_{i\in\mathbb{N}}/D$, etc.;

$0_D = \{0, 0, 0, \ldots\}/D$; $1_D = \{1, 1, 1, \ldots\}/D$.

Die Legalität dieser Definition ist noch zu erweisen, insbesondere betreffs der Einführung der Operationen $+_D$, etc. auf den Aequivalenzklassen. Zuerst: Die Konstruktion $\{a_i\}_{i\in\mathbb{N}}/D$ ist in der Tat eine Aequivalenzklassenbildung: $\{a_i\}_{i\in\mathbb{N}}/D = \{b_i\}_{i\in\mathbb{N}}/D$ gilt genau dann, wenn $\{i \in \mathbb{N} \mid a_i = b_i\} \in D$. Transitivität folgt aus

$$\{i \in \mathbb{N} \mid a_i = b_i\} \cap \{i \in \mathbb{N} \mid b_i = c_i\} \subseteq \{i \in \mathbb{N} \mid a_i = c_i\} ,$$

während Symmetrie und Reflexität trivial sind. Die Definition von $\leq_D$ ist legal, da aus $\{a_i\}_{i\in\mathbb{N}}/D = \{a'_i\}_{i\in\mathbb{N}}/D$, $\{b_i\}_{i\in\mathbb{N}}/D = \{b'_i\}_{i\in\mathbb{N}}/D$ und $\{a_i\}_{i\in\mathbb{N}}/D \leq_D \{b_i\}_{i\in\mathbb{N}}/D$ folgt $\{a'_i\}_{i\in\mathbb{N}}/D \leq_D \{b'_i\}_{i\in\mathbb{N}}/D$. Nämlich: Seien $E = \{i \in \mathbb{N} \mid a_i = a'_i\}$, $F = \{i \in \mathbb{N} \mid b_i = b'_i\}$, $G = \{i \in \mathbb{N} \mid a_i \leq b_i\}$. Nach Voraussetzung sind diese Mengen alle in D . Es folgt, dass

$\{i \in \mathbb{N} \mid a_i' \leq b_i'\} \supseteq E \cap F \cap G$, also in D ist. In genau derselben Weise wird auch die Legalität der Definitionen von $+_D$, $\cdot_D$, etc. nachgewiesen. □

Der Erfolg der Konstruktion liegt in folgendem Satz, der selbstredend für jede Ultrapotenzkonstruktion gilt.

<u>Satz von Skolem-Łos</u>

Sei $A(x_1, \dots, x_n)$ eine Formel der elementaren Sprache von $\mathbb{R}$ mit freien Variablen $x_1, \dots, x_n$. Dann gilt für jede Belegung dieser Variablen mit Elementen $\{a_i^j\}_{i \in \mathbb{N}}/D$, $j = 1, \dots, n$, die Formel $A(\{a_i^1\}_{i \in \mathbb{N}}/D, \dots, \{a_i^n\}_{i \in \mathbb{N}}/D)$ in $\underline{\mathbb{R}}_D^{\mathbb{N}}$ genau dann, wenn

$$\{i \in \mathbb{N} \mid A(a_i^1, a_i^2, \dots, a_i^n) \text{ gilt in } \mathbb{R}\} \in D .$$

Insbesondere gelten in $\underline{\mathbb{R}}$ und $\underline{\mathbb{R}}_D^{\mathbb{N}}$ dieselben elementaren Sätze.

<u>Beweis:</u> Wie immer in solchen Fällen durch Induktion nach dem logischen Aufbau von $A(x_1, \dots, x_n)$.

Wir benützen die Abkürzungen x für $x_1, \dots, x_n$, a_i für $a_i^1, \dots, a_i^n$, a für $\{a_i\}_{i \in \mathbb{N}}/D$.

1. Falls $A(x)$ Atomformel ist, so gilt die Aussage gemäss der Definition der Ultrapotenz $\underline{\mathbb{R}}_D^{\mathbb{N}}$.

2. Sei $A(x)$ von der Form $B(x) \wedge C(x)$. Falls $A(a)$ in $\underline{\mathbb{R}}_D^{\mathbb{N}}$ gilt, so gelten auch $B(a)$ und $C(a)$, also nach Induktionsvoraussetzung sind $E_1 = \{i \in \mathbb{N} \mid B(a_i) \text{ gilt in } \underline{\mathbb{R}}\}$, $E_2 = \{i \in \mathbb{N} \mid C(a_i) \text{ gilt in } \underline{\mathbb{R}}\}$ Elemente von D. Dann ist $E_1 \cap E_2 = E = \{i \in \mathbb{N} \mid B(a_i) \wedge C(a_i) \text{ gilt in } \underline{\mathbb{R}}\}$ Element von D. Sei umgekehrt $E \in D$. Dann sind E_1, E_2 wegen $E \subseteq E_1 \subseteq \mathbb{N}$, $E \subseteq E_2 \subseteq \mathbb{N}$ auch in D. Wegen Induktionsvoraussetzung gelten also $B(a)$ und $C(a)$ in $\underline{\mathbb{R}}_D^{\mathbb{N}}$, also auch die Konjunktion.

3. Sei $A(x)$ von der Form $\neg B(x)$. $A(a)$ gilt in $\underline{\mathbb{R}}_D^{\mathbb{N}}$ genau dann, wenn $B(a)$ in $\underline{\mathbb{R}}_D^{\mathbb{N}}$ nicht gilt. Nach Induktionsvoraussetzung ist dies der Fall, genau wenn $\{i \in \mathbb{N} \mid B(a_i) \text{ gilt in } \underline{\mathbb{R}}\} = E$ nicht zu D gehört. Nun ist D aber ein Ultrafilter, also gehört genau in diesem Falle $(\mathbb{N} - E)$ zu D; diese Menge kann aber auch dargestellt werden als $\mathbb{N} - E = \{i \in \mathbb{N} \mid \neg B(a_i) \text{ gilt in } \mathbb{R}\}$.

4. Schliesslich sei $A(x)$ von der Form $\exists y B(y,x)$. Es gelte $A(a)$ in $\underline{\mathbb{R}}_D^{\mathbb{N}}$. Dann gibt es ein Element in $\underline{\mathbb{R}}_D^{\mathbb{N}}$, etwa $b = \{b_i\}_{i \in \mathbb{N}}/D$ derart, dass $B(b,a)$ in $\mathbb{R}_D^{\mathbb{N}}$ gilt. Nach Induktionsvoraussetzung folgt daraus, dass $\{i \in \mathbb{N} \mid B(b_i,a_i) \text{ gilt in } \mathbb{R}\} \in D$. Nun bemerkt man aber, dass $\{i \in \mathbb{N} \mid B(b_i,a_i) \text{ gilt in } \underline{\mathbb{R}}\} \subseteq \{i \in \mathbb{N} \mid \exists y B(y,a_i) \text{ gilt in } \underline{\mathbb{R}}\}$, es ist also letztere Menge in D.

   Es sei umgekehrt $\{i \in \mathbb{N} \mid \exists y B(y,a_i) \text{ gilt in } \underline{\mathbb{R}}\} \in D$. Wir wählen eine Folge $\{b_i\}_{i \in \mathbb{N}}$ in $\mathbb{R}$ derart, dass $B(b_i,a_i)$ in $\underline{\mathbb{R}}$ gilt, falls ein solches Element b_i zu a_i existiert, b_i sei willkürlich gewählt, falls es zu a_i kein solches Element gibt. Für jede solche Folge haben wir offensichtlich $\{i \in \mathbb{N} \mid B(b_i,a_i) \text{ gilt in } \mathbb{R}\} \supseteq \{i \in \mathbb{N} \mid \exists y B(y,a_i) \text{ gilt in } \underline{\mathbb{R}}\}$, die umfassende Menge gehört deshalb auch zu D. Daraus folgt, dass $B(\{b_i\}_{i \in \mathbb{N}}/D, a)$ in $\underline{\mathbb{R}}_D^{\mathbb{N}}$ gilt, und damit auch $\exists y B(y,a)$.

5. Damit sind im wesentlichen alle logischen Verknüpfungen behandelt, da ja $B \supset C$ auf $\neg B \vee C$, $B \vee C$ auf $\neg(\neg B \wedge \neg C)$, $\forall x B(x)$ auf $\neg \exists x \neg B(x)$ zurückgeführt werden können. □

Wir bemerken noch, dass die Struktur $\underline{\mathbb{R}}$ in ihrer Ultrapotenz $\underline{\mathbb{R}}_D^{\mathbb{N}}$ in besonders übersichtlicher Weise enthalten ist: Jedem $a \in \mathbb{R}$ können wir nämlich zuordnen $\bar{a} = \{a_i\}_{i \in \mathbb{N}}/D$, wo $a_i = a$ für alle $i \in \mathbb{N}$. Die so erklärte Abbildung von $\mathbb{R}$ in $\mathbb{R}_D^{\mathbb{N}}$ ist offensichtlich eindeutig, ein Monomorphismus, ja noch mehr: Falls $A(a_1, \ldots, a_k)$ in $\underline{\mathbb{R}}$ gilt, so gilt auch $A(\bar{a}_1, \bar{a}_2, \ldots, \bar{a}_k)$ in $\underline{\mathbb{R}}_D^{\mathbb{N}}$ und umgekehrt. Die Abbildung $a \mapsto \bar{a}$ von $\underline{\mathbb{R}}$ in $\underline{\mathbb{R}}_D^{\mathbb{N}}$ heisst deshalb eine <u>elementare Einbettung.</u> Die Elemente von $\underline{\mathbb{R}}$, d.h. die "gewöhnlichen" reellen Zahlen sind im Modell von $\underline{\mathbb{R}}_D^{\mathbb{N}}$ enthalten, wir nennen sie die Standard-Elemente von $\underline{\mathbb{R}}_D^{\mathbb{N}}$; alle übrigen Elemente sind Nichtstandard-Elemente.

<u>Unendlich kleine Elemente von $\underline{\mathbb{R}}_D^{\mathbb{N}}$:</u>

$\{1, 1/2, 1/3, 1/4, 1/5, \ldots\}/D = \varepsilon$.

a) $\varepsilon < (\overline{1/n})$ für alle n, nämlich:
$\{i \in \mathbb{N} \mid 1/i < 1/n\} \in D$ für jedes feste n.

b) $n \cdot \varepsilon < 1$ für alle n, nämlich:
$\{i \in \mathbb{N} \mid n/i < 1\} \in D$ für jedes feste n.

<u>Unendlich grosse Elemente in $\underline{\mathbb{R}}_D^{\mathbb{N}}$:</u>

$\{1, 2, 3, 4, \ldots\}/D = \omega$; $\omega > \overline{n}$ für alle $n \in N$.

Zur Abkürzung verwenden wir von nun an $*\underline{\mathbb{R}}$ zur Bezeichnung der Ultrapotenz $\underline{\mathbb{R}}_D^{\mathbb{N}}$ und $*\mathbb{R}$ für die Menge $\mathbb{R}_D^{\mathbb{N}}$ ihrer Elemente; ferner unterdrücken wir die Subskripte D bei den Bezeichnungen für 0_D, 1_D, $\leqq_D$, $+_D$ etc.

Sei $c \mapsto \overline{c}$ die elementare Einbettung von $\underline{\mathbb{R}}$ in $*\underline{\mathbb{R}}$.

$a \in *\mathbb{R}$ heisst <u>infinitesimal,</u>
falls $a \neq 0$ und $|a| < \overline{c}$ für alle $c \in \mathbb{R}$, $c > 0$;

$a \in *\mathbb{R}$ heisst <u>unendlich,</u>
falls $|a| > \overline{c}$ für alle $c \in \mathbb{R}$, $c > 0$;

$a \in *\mathbb{R}$ heisst <u>endlich,</u>
falls $|a| < \overline{c}$ für ein $c \in \mathbb{R}$, $c > 0$.

Hierbei ist $|a|$ definiert durch

$$|a| = \begin{cases} a & \text{falls } a \geqq 0 \\ -a & \text{sonst} \end{cases}$$

Zu jedem endlichen $a \in *\mathbb{R}$ definieren wir den <u>Standardteil</u> $^{\circ}a$ von a als dasjenige $x \in \mathbb{R}$, für welches $(\overline{x} - a)$ infinitesimal oder 0 ist.

Zur Begründung der letzten Definition ist Existenz und Eindeutigkeit von ${}^{\circ}a$ nachzuweisen.

Eindeutigkeit: Seien $x, y \in \mathbb{R}$, $x \neq y$ und seien sowohl $\bar{x} - a$ als $\bar{y} - a$ infinitesimal. Dann ist $(\bar{x} - a) - (\bar{y} - a) = \bar{x} - \bar{y} = \overline{x - y}$ infinitesimal, wo doch $x - y \in \mathbb{R}$ und $|x - y| > 0$. Es folgt $x = y$.

Existenz: Falls $a = \bar{x}$ für ein $x \in \mathbb{R}$, so sind wir fertig. Sonst finden wir ${}^{\circ}a$ mit Hilfe Dedekindscher Schnitte wie folgt. Seien K, G definiert durch $K = \{x \in \mathbb{R} \mid \bar{x} < a\}$, $G = \{x \in \mathbb{R} \mid \bar{x} > a\}$.
Das Paar (K,G) bestimmt als Dedekindscher Schnitt eindeutig eine reelle Zahl $b \in \mathbb{R}$. Wir behaupten, dass $\bar{b} - a$ infinitesimal sei. Nun ist ja b entweder das grösste Element von K oder das kleinste Element von G. Im ersten Fall ist dann also $\bar{b} < a$. Wäre $\bar{b} - a$ nicht infinitesimal, so existierte $e \in \mathbb{R}$ mit $e > 0$ und $|\bar{b} - a| = a - \bar{b} \geqq \bar{e}$, also $\bar{b} + \bar{e} \leqq a$ und ebenso $\bar{b} + \bar{e}/2 < a$. Also wäre $b + e/2$ ebenfalls in K, obwohl b als das grösste Element von K vorausgesetzt wurde. Im zweiten Fall, wo also b das kleinste Element von G ist, argumentieren wir in genau derselben Weise.

Wir gehen nun daran, einen bescheidenen Teil der Analysis mit Hilfe der oben eingeführten Begriffe zu begründen, und ziehen dabei ein paar Vergleiche zu den parallelen Entwicklungen in der Schulmathematik.

Limes, Stetigkeit und Differentialquotient

*Limes

Seien $\ell, a \in \mathbb{R}$, f eine Funktion $^*\mathbb{R} \to {}^*\mathbb{R}$. Wir setzen

$^*\lim_{x \to a^-} f(x) = \bar{\ell}$ genau dann, wenn ${}^{\circ}f(\bar{a} - y) = \ell$ für alle infinitesimalen $y > 0$.

$^*\lim_{x \to a^+} f(x) = \bar{\ell}$ genau dann, wenn ${}^{\circ}f(\bar{a} + y) = \ell$ für alle infinitesimalen $y > 0$.

$^*\lim_{x \to a} f(x) = \bar{\ell}$ genau dann, wenn ${}^{\circ}f(\bar{a} + y) = \ell$ für alle infinitesimalen y.

*Stetigkeit

Sei $\bar{a} \in \mathbb{R}$ und sei f definiert in einem offenen Intervall um $\bar{a}$.
f ist *stetig bei $\bar{a}$ genau dann, wenn $^{\circ}f(\bar{a}+y) = {}^{\circ}f(\bar{a})$ für alle infinitesimalen y.

*Ableitung

Seien $\bar{a},\bar{b} \in \mathbb{R}$ und sei f definiert in einem offenen Intervall um $\bar{a}$.
$f'(\bar{a}) = \bar{b}$ genau dann, wenn $^{\circ}\left(\frac{f(\bar{a}+y) - f(\bar{a})}{y}\right) = \bar{b}$ für alle infinitesimalen y.

In der Definition der Ableitung können wir mit Leibniz die infinitesimalen Elemente als Differentiale einführen:

dx für y,

df für $f(\bar{a}+dx) - f(\bar{a})$;

die Ableitung $f'(a)$ stellt sich dann dar als Differentialquotient

$$f'(a) = {}^{\circ}\left(\frac{df}{dx}\right).$$

Beispiel:

$$f(x) = x^2, \quad f'(x) = ?$$

$$df = (x+dx)^2 - x^2 = 2xdx + (dx)^2,$$

$$^{\circ}\left(\frac{df}{dx}\right) = {}^{\circ}\left(\frac{2xdx + (dx)^2}{dx}\right) = {}^{\circ}(2x+dx) = 2x.$$

In eben dieser angedeuteten Weise können Sie sich die elementare Differentialrechnung in äusserst eleganter Weise entwickelt denken. Dies gilt nicht nur für die manipulatorischen Aspekte, selbst die Beweise der Hauptsätze der Differentialrechnung, wie etwa das Rollesche Theorem, gestalten sich äusserst intuitiv. Man kann sich deshalb allen Ernstes die Frage stellen, ob man nicht einen Kursus der Differential- und Integralrechnung in dieser Weise aufbauen sollte, d.h. statt $\mathbb{R}$ die Struktur $^*\mathbb{R}$ zugrunde zu legen. Dabei müsste es sich ja durchaus nicht darum handeln, $^*\mathbb{R}$ wie oben zu konstruieren; man dürfte $^*\mathbb{R}$ als gegeben ansehen und sich auf ein paar wesentliche Eigenschaften von $^*\mathbb{R}$ quasi axiomatisch beziehen, wie man dies schliesslich für $\mathbb{R}$ auch tut. {Ein solcher Versuch ist von J. Keisler gemacht worden.}

Doch wollen wir solche pädagogischen Fragen dahingestellt lassen und uns einem noch nicht erledigten mathematischen Geschäft zuwenden: Was haben *Limes, *Stetigkeit und *Ableitung mit den gewöhnlichen Begriffen zu tun?

In unserer Definition von *Limes etc. geht der Begriff der Funktion f ein. Damit verbinden wir vorerst einmal die Vorstellung der <u>definierten</u> Funktion, konkret der Definierbarkeit der Beziehung $f(x) = y$ durch eine Formel $A(x,y)$ der elementaren Sprache, für welche in $\mathbb{R}$ gilt:

$$\forall x \exists y A(x,y) \wedge \forall x \forall y_1 \forall y_2 (A(x,y_1) \wedge A(x,y_2) . \supset y_1 = y_2) .$$

Es gilt diese Formel dann auch in $^*\mathbb{R}$, es definiert $A(x,y)$ auch in der erweiterten Struktur eine Funktion, die wir der Einfachheit halber ebenfalls mit f bezeichnen. In diesem Sinne sind die Funktionen in den Definitionen von *Limes etc. zu verstehen.

{Ein etwas weitergehender Standpunkt wäre der folgende: Statt von der Struktur $\mathbb{R}$ bilde man eine Ultrapotenz der Struktur $\mathbb{A}$ der elementaren Analysis (siehe §2); es steht dann zu jeder Funktion f von $\mathbb{A}$ eine erweiterte Funktion $\overline{f}$ von $^*\mathbb{A}$ zur Verfügung mit genau denselben in der Sprache von $\mathbb{A}$ formulierbaren Eigenschaften. Entsprechend könnte man auch Konzepte noch höheren Typs, wie z.B. Funktionale mit in die Konstruktion einbeziehen; wir verweisen auf die umfangreiche und aktive Literatur über Non-Standard Analysis, z.B. auf A. Robinson.}

Nachdem nun den Definitionen von *Limes etc. ihr präziser Sinn gegeben ist, untersuchen wir die Beziehung der *Begriffe mit den überkommenen Grundbegriffen der Analysis. Diese ist so einfach, wie man es sich nur wünschen kann.

<u>LEMMA 1:</u> $^*\lim_{x \to a^-} f(x) = \overline{\ell}$ gdw. $\lim_{x \to a^-} f(x) = \ell$

<u>Beweis:</u> (a) Sei $\lim_{x\to a^-} f(x) = \ell$.

Nach der üblichen Definition gibt es also für jedes $\varepsilon \in \mathbb{R}$, $\varepsilon > 0$, ein $\delta \in \mathbb{R}$, $\delta > 0$, derart, dass für alle y gilt $0 < y < \delta \supset |f(a-y) - \ell| < \varepsilon$. Sei $\varepsilon > 0$, $\varepsilon \in \mathbb{R}$, gewählt und $\delta > 0$ dazu bestimmt. Die Aussage $\forall y(0 < y < \delta \supset |f(a-y) - \ell| < \varepsilon)$ gilt in $\mathbb{R}$, ist elementar und gilt deshalb auch in $^*\mathbb{R}$: $\forall y(0 < y < \overline{\delta} \supset |f(\overline{a} - y) - \overline{\ell}| < \overline{\varepsilon})$. Sei nun y infinitesimal, $0 < y$. Dann gilt in $^*\mathbb{R}$, dass $0 < y < \overline{\delta}$, also auch $|f(\overline{a} - y) - \overline{\ell}| < \overline{\varepsilon}$. Da diese Ueberlegung für jedes positive ε in $\mathbb{R}$ gemacht werden kann, ist nach Definition die Grösse $|f(\overline{a} - y) - \overline{\ell}|$ infinitesimal; also ist $^\circ f(\overline{a} - y) = \ell$, und also $^*\lim_{x\to a^-} f(x) = \overline{\ell}$.

(b) Sei umgekehrt $^\circ f(\overline{a} - y) = \ell$ für alle infinitesimalen $y > 0$. Wir wählen ein Infinitesimalelement $\delta > 0$. Dann gilt für beliebige $\varepsilon > 0$, $\varepsilon \in \mathbb{R}$ und alle y, $0 < y < \delta$, dass $|f(\overline{a} - y) - \overline{\ell}| < \overline{\varepsilon}$, denn jedes solche y ist selbst infinitesimal. Formal ausgedrückt heisst das, dass für jedes $\varepsilon \in \mathbb{R}$, $\varepsilon > 0$ in $^*\mathbb{R}$ die Aussage $\forall y(0 < y < \delta \supset |f(\overline{a} - y) - \overline{\ell}| < \overline{\varepsilon})$ und auch die Aussage $\exists \delta > 0\ \forall y(0 < y < \delta \supset |f(\overline{a} - y) - \overline{\ell}| < \overline{\varepsilon})$ gelten. Als elementare Aussagen gelten sie auch in $\mathbb{R}$ selbst: $\exists \delta > 0\ \forall y(0 < y < \delta \supset |f(a-y) - \ell| < \varepsilon)$. Da $\varepsilon > 0$ beliebig in $\mathbb{R}$ gewählt war, steht oben die Definition von $\lim_{x\to a^-} f(x) = \ell$.

<u>LEMMA 2:</u> f ist *stetig bei $\overline{a}$ genau dann, wenn f bei a stetig ist. □

<u>LEMMA 3:</u> f hat *Ableitung $\overline{b}$ bei $\overline{a}$ genau dann, wenn $f'(a) = b$ im gewöhnlichen Sinn. □

Die Beweise dieser Lemmas sind unmittelbare Anwendungen von Lemma 1.

Literaturhinweise zu Kapitel I, §4:

Leibniz, G.W.: "A New Method for Maxima and Minima as well as Tangents which is neither by Fractional nor by Irrational Quantities, and a Remarkable Type of Calculus for this", (1646-1716), englische Uebersetzung in: D.J. Struik: "A Source Book in Mathematics, 1200-1800", S. 272-280. Cambridge, Mass., Harvard University Press, 1969.

Euler, L.: "Institutiones calculi differentialis", Opera Omnia, Ser. I, Vol. X, S. 69-72, St. Petersburg 1755, auszugsweise englische Uebersetzung in: D.J. Struik: "A Source Book in Mathematics, 1200-1800", S. 384-386. Cambridge, Mass., Harvard University Press, 1969.

Berkeley, G.: "The Analyst, or a Discourse Addressed to an Infidel Mathematician", London 1734, Auszüge in: D.J. Struik: "A Source Book in Mathematics, 1200-1800", S. 333-338. Cambridge, Mass., Harvard University Press, 1969.

Skolem, Th.: "Ueber die Nicht-charakterisierbarkeit der Zahlenreihe mittels endlich oder abzählbarer unendlich vieler Aussagen mit ausschliesslich Zahlenvariablen", Fundamenta Mathematicae, Band 23, S. 150-161, (1934).

Łos, J.: "Quelques Remarques, Théorèmes sur les Classes Définissables d'Algèbres", in: "Mathematical Interpretation of Formal Systems", S. 98-113, Amsterdam, North-Holland, 1954.

Robinson, A.: "Non Standard Analysis", Koninklijke Nederlandse Akademie van Wetenschappen Proceedings, Series A, Band 64, S. 432-440, (1961).

Keisler, H.J.: "Elementary Calculus", Boston, Prindle, Weber & Schmidt Inc., 1976.

§5 Auswahlaxiom und Kontinuumhypothese

Was sind die reellen Zahlen? Inzwischen haben wir diese Fragestellung aus §1 etwas besser verstanden: Offenbar geht es um die Erarbeitung eines gemeinsamen Bezugrahmens für die mathematische Tätigkeit, insbesondere für das Beweisen von Sätzen der Analysis. Der individuellen Erfahrung gemäss spielen bei dieser Tätigkeit zwei Aspekte einander gegenseitig in die Hand: Einerseits das, was der aktive Mathematiker (ohne sich auf psychologische Details einzulassen, wenn er weise ist) als "Anschauung" oder "Denken in Begriffen" bezeichnen wird, andererseits der mathematische Formalismus, der durch Hinzunahme der Hilfsmittel der symbolischen Logik zu einem präzisen Instrument gemacht werden kann.

Die Festlegung eines formalen Rahmens, wie wir sie in §3 getroffen haben, bedeutet einen Rückzug auf einen Bereich möglicher mathematischer Aussagen, der es uns dann allerdings ermöglicht, im Prinzip alle einschlägigen Fragen als erledigt zu betrachten. Inwieweit unterstützt unsere "Anschauung" diesen Rückzug? Was ist der Kaufpreis für die so gewonnene Eindeutigkeit? Offenbar eben die verminderte Aussagekraft des Formalismus: Limesbegriff und Differentialquotient sind, wie bereits bemerkt, als Schemata zu verstehen, die für jede Funktion f (und nur definierbare Funktionen sind zugelassen) eigens eingeführt werden müssen. Dies ist mehr als nur eine durch Formalisierung bedingte Umständlichkeit; die Formalisierung ist nicht imstande, gewisse durchaus legitime, ja eigentlich unentbehrliche Dinge zu erfassen: Die Zahl π ist als transzendente Zahl nicht durch die Formel $A(x)$ zu definieren, denn jedes solcherart definierte Element ist algebraisch; die Sinusfunktion ebenfalls nicht, denn jede definierbare Funktion setzt sich aus endlich vielen Stücken von algebraischen Funktionen zusammen, hat also nur endlich viele Nullstellen oder ist konstant 0; ja auch die natürlichen Zahlen sind nicht durch eine Formel $A(n)$ definierbar, aus demselben Grund.

Dieser Schwäche der Aussagekraft entspricht die Freiheit des Mathematikers, sich Modelle der Theorie vorzustellen; es ist durchaus legitim, $\underline{\mathbb{R}}$ zu denken (was wir wohl alle irgendwie tun), aber auch $^*\underline{\mathbb{R}}$ (wie es die frühen Analysten getan haben könnten), die formal aufschreibbaren mathematischen Resultate bleiben dieselben - nur sind sie etwas mager.

Wir haben deshalb schon in §2 eine Ueberschreitung des formalen Rahmens vorgeschlagen, nämlich vorerst einmal durch Einbeziehung von Funktionen als neue Entitäten. Was wird im erweiterten Rahmen ausdrückbar; ist, was ausgedrückt wird, auch das Intendierte, oder gibt es wiederum Non-Standard-Modelle? Bestimmt die Formalisierung alle einschlägigen (d.h. in der erweiterten Sprache ausdrückbaren) Fragen, und wenn nicht, gibt es interessante unentschiedene Probleme? Was soll man gegebenenfalls mit diesen anfangen?

Die natürlichen Zahlen

$N(y)$ sei Abkürzung folgender Formel

$$\forall f[f(0)=0 \wedge \forall x(0 \leqq x \wedge f(x)=0. \supset f(x+1)=0). \supset f(y)=0] .$$

Peano Axiome

(i) $N(0)$

(ii) $N(x) \supset N(x+1)$

(iii) $N(x) \wedge N(y) \wedge x+1 = y+1. \supset x = y$

(iv) $N(x) \supset 0 \neq x+1$

(v) $\forall x(A(x) \supset N(x)) \wedge A(0) \wedge \forall x(A(x) \supset A(x+1)). \supset \forall y(N(y) \supset A(y))$

Die Peano Axiome sind in der elementaren Analysis herleitbar. Dies ist offensichtlich für (i), (ii) und (iii). Zum Beweis von (iv) beachte man, dass $x < 0 \supset. \neg N(x)$, da ja die Funktion

$$f(x) = \begin{cases} 0 & \text{für } x \geqq 0 \\ 1 & \text{für } x < 0 \end{cases}$$

definierbar ist, die Vorbedingung der Definition $N(y)$ erfüllt, aber den Wert $f(x) \neq 0$ hat für $x < 0$.

Beweis des Induktionsaxioms (v): Sei $A(x)$ eine Formel der elementaren Analysis, und sei f_A die wie folgt definierte Funktion

$$f_A(x) = \begin{cases} 0 & \text{falls } A(x) \\ 1 & \text{falls } \neg A(x) . \end{cases}$$

Die Existenz dieser Funktion folgt wiederum aus den Axiomen der elementaren Analysis. Wir nehmen die Hypothesis von (v) an:

$$\forall x(A(x) \supset N(x)) \wedge A(0) \wedge \forall x(A(x) \supset A(x+1)) \ .$$

Dann bemerken wir $f_A(0) = 0$, da $A(0)$ und ferner

$$\forall x(0 \leq x \wedge f_A(x) = 0 . \supset f_A(x+1) = 0) \ , \quad \text{da} \quad \forall x(A(x) \supset A(x+1)) \ .$$

Es muss also wegen der Definition von $N(y)$ gelten

$$\forall y(N(y) \supset f_A(y) = 0) \ , \quad \text{also} \quad \forall y(N(y) \supset A(y)) \ .$$

Mehrstellige Funktionen

Wir erweitern die Sprache durch Hinzunahme eines zweistelligen festen Funktionssymbols p und dem

Paarungsaxiom

$$[N(x) \wedge N(y) . \supset N(p(x,y))] \wedge$$

$$[\forall x_1 \forall y_1 \forall x_2 \forall y_2 (p(x_1,y_1) = p(x_2,y_2) \equiv . \ x_1 = x_2 \wedge y_1 = y_2)] \ .$$

Dies erlaubt die symbolische Einführung mehrstelliger Funktionen:

$f(x_1,x_2,x_3)$ für $f(p(x_1,p(x_2,x_3)))$, etc.

Komprehensionstheorem

$$\forall x_1 \ldots x_n \exists ! y A(x_1,\ldots,x_n,y) \supset \exists f \forall x_1 \ldots x_n A(x_1,\ldots,x_n,f(x_1,\ldots,x_n))$$

Rekursionsschema

$$\forall g \forall h \{\forall x_1 \ldots x_{n+1} [N(x_1) \wedge \ldots \wedge N(x_{n+1}) . \supset . N(g(x_1,\ldots,x_n))$$
$$\wedge N(h(x_1,\ldots,x_{n+1}))]$$
$$\supset \exists f \forall x_1 \ldots x_{n+1} [N(x_1) \wedge N(x_2) \wedge \ldots \wedge N(x_{n+1}) .$$
$$\supset f(x_1,\ldots,x_n,0) = g(x_1,\ldots,x_n)$$
$$\wedge f(x_1,\ldots,x_n,x_{n+1}+1) = h(x_1,\ldots,x_n,f(x_1,\ldots,x_{n+1})) .$$

Wir überlassen es Ihnen, die Beweise für Komprehensionstheorem und Rekursionsschema auszuführen; die Formulierungen dienen hier vor allem dazu, anzudeuten, auf welche Weise im gegebenen formalen Rahmen weite Teile der Analysis und der Zahlentheorie begründet werden können. Dies auszuführen ist hier nicht der Platz.

Aus den bereits hergeleiteten Sätzen über die elementare Analysis wird der informierte Logiker, unter Anwendung des zentralen Resultates von Gödel, folgern, dass die angegebene Axiomatisierung, wenn überhaupt widerspruchsfrei, nicht vollständig ist noch in effektiver Weise vervollständigt werden kann. (Nach Gödel tritt dieses Phänomen ja schon bei der Zahlentheorie auf.) Etwas weniger verdeckt als in der Zahlentheorie (wo solche Aussagen erst in den letzten Jahren gefunden wurden) gibt es in der elementaren Analysis durchaus natürliche, sogar zentrale Fragen, welche durch die angegebenen Axiome nicht entschieden sind, eben das Auswahlaxiom und die Kontinuumhypothese.

Kriterien zur Zulassung eines unabhängigen Prinzips, wie etwa des Auswahlaxioms, sind neben einer etwas strittigen Intuition auch die mathematischen Konsequenzen. Dabei müssen eben die schönen, vereinfachenden Konsequenzen abgewogen werden gegenüber den uns paradox erscheinenden, wie z.B. dem folgenden.

Banach-Tarski Paradox

In der Verschärfung von R. Robinson lautet dieses:
Die solide Einheitskugel S lässt sich in sechs zueinander fremden Teilmengen

$$S = A_1 \dot{\cup} A_2 \dot{\cup} A_3 \dot{\cup} A_4 \dot{\cup} \{0\} \dot{\cup} \{P\}$$

derart aufteilen, dass die beiden Mengen

$$A_1 \quad \text{und} \quad A_3 \dot{\cup} \{0\}$$

durch Rotation zur vollen Kugel S zusammengefügt werden können und die drei Mengen

$$A_2, \quad A_4 \quad \text{und} \quad \{P\}$$

durch Rotationen und Translationen ebenfalls zu S zusammengefügt werden können. Aus einer Kugel kann man also durch geeignetes Zerschneiden und Kongruenzen <u>zwei</u> Kugeln der ursprünglichen Grösse machen!

Trotz dieser und anderer paradoxen Folgen des Auswahlaxioms hat sich die Mathematik (von Ausnahmefällen abgesehen) dafür entschieden, nicht auf das Auswahlaxiom zu verzichten. Die paradoxen Konsequenzen werden "erklärt" als Unzulänglichkeiten unserer naiven Begriffe, z.B. des "Inhalts" und einem formal definierten Inhaltsbegriff. Wir sind solche Unzulänglichkeiten gewöhnt: Erinnern wir uns nur an die Beispiele stetiger, aber nirgends differenzierbarer Funktionen und was dergleichen paradox scheinende Gegenbeispiele der Analysis mehr sind.

An der Frage nach der Mächtigkeit des Kontinuums hat sich schon der Schöpfer der Mengenlehre, Cantor, die Zähne ausgebissen; ein typisches Pioniererlebnis: Dem Pionier ist die Erfahrung, welche Probleme schwierig, welche trivial sind, nicht gegeben. Cantors Vermutung war, dass das Kontinuum die kleinste überabzählbare Mächtigkeit habe. Die Stellung der Kontinuumhypothese zu den gängigen Axiomatisierungen der Mengenlehre ist wieder (wie beim Auswahlaxiom) die eines widerspruchsfreien (Gödel) und unabhängigen (Cohen) Axioms. Nur haben sich bis heute wenig Gründe gefunden, die Kontinuumhypothese als wahr oder als falsch zum Bezugrahmen der Mathematik zu nehmen; eine Verwendung der Kontinuumhypothese im Beweis eines Satzes muss also (nicht wie beim Auswahlaxiom) stets signalisiert werden.

Für die Struktur $\underline{\mathbb{A}}$ der elementaren Analysis lässt sich die Kontinuumhypothese in besonders einfacher Form aufschreiben: Sie bringt einfach zum Ausdruck, dass jede Teilmenge X von $\mathbb{R}$ entweder eine Mächtigkeit $\leqq \aleph_0$ hat: Es gibt eine Funktion f, die $\mathbb{N}$ auf X abbildet; oder eine Mächtigkeit $\geqq$ der Mächtigkeit von $\mathbb{R}$ hat: Es gibt eine Funktion g, die X auf $\mathbb{R}$ abbildet. Wenn wir X als die Menge derjenigen $x \in \mathbb{R}$ verstehen, die durch die Beziehung $h(x) = 0$ definiert sind, so ergibt dies:

Kontinuumhypothese

$$\forall h[\exists f \forall y(h(y) = 0 \supset \exists x(N(x) \wedge y = f(x)))$$
$$\vee\ \exists g \forall y \exists x(h(x) = 0 \wedge y = g(x))]\ .$$

Da nun also Auswahlaxiom und Kontinuumhypothese auch für die elementare Analysis formuliert werden können, wollen wir zum Abschluss noch die entsprechenden Sätze von Gödel und Cohen formulieren:

Gödels Widerspruchsfreiheitssatz

Jeder formale Beweis eines Widerspruchs, welcher sich bei Hinzunahme von Auswahlaxiom und Kontinuumhypothese zu den Axiomen der elementaren Analysis ergäbe, könnte effektiv in den Beweis eines Widerspruchs aus den ursprünglichen Axiomen umgeformt werden.

Cohens Unabhängigkeitssatz

Jeder formale Beweis eines Widerspruchs aus den Axiomen der elementaren Analysis unter Einschluss von Auswahlaxiomen und Negation der Kontinuumhypothese lässt sich effektiv in den Beweis eines Widerspruchs aus den ursprünglichen Axiomen umformen.

Literaturhinweise zu Kapitel I, §5:

Hausdorff, F.: "Grundzüge der Mengenlehre" (1914), S. 399-403, 469-473, New York, Chelsea, (reprint 1949).

Robinson, R.M.: "On the Decomposition of Spheres", Fundamenta Mathematicae, Band 34, S. 246-260, (1947).

Gödel, K.: "What is Cantor's Continuum Problem?", in: P. Benacerraf and H. Putnam: "Philosophy of Mathematics", S. 258-273, Englewood Cliffs, Prentice-Hall, 1964.

Gödel, K.: "Consistency Proof for the Generalized Continuum-Hypothesis", Proc. Nat. Acad. Sci. USA, Band 25, S. 220-224, (1939).

Cohen, P.: "The Independence of the Continuum Hypothesis I, II", Proc. Nat. Acad. Sci. USA, Band 50, S. 1143-1148, (1963), und Band 51, S. 105-110, (1964).

Scott, D.: "A Proof of the Independence of the Continuum Hypothesis", Mathematical System Theory, Band 1, S. 89-111, (1967).

Kapitel II. Geometrie

§1 Raum und Mathematik

In der Frage nach dem Raumbegriff, viel deutlicher als bei der Frage nach den reellen Zahlen, stellt sich das Problem des Verhältnisses zwischen Mathematik und der sogenannten Wirklichkeit. Newton formuliert seine Stellungnahme wie folgt: "Geometrie hat ihre Begründung in der mechanischen Praxis und ist in der Tat nichts anderes als derjenige Teil der gesamten Mechanik, welcher die Kunst des Messens genau feststellt und begründet." Oder Gonseth: "La Géometrie est la physique de l'espace quelconque." - Der Sinn der Geometrie läge also darin, eine solide Basis der Messkunst zu finden, eine verpflichtende Basis: Mathematische Folgerungen aus den Grundannahmen über den Raum sollen in der wirklichen Erdvermessung (daher ja auch der Name der Wissenschaft) nachprüfbar sein. Wir sind durchaus gewillt, wie Physiker immer, Idealität in Kauf zu nehmen und Messfehler "zufälliger" aber nicht "systematischer" Art einzugestehen.

Newton und die klassische Physik beginnen also mit der stillschweigenden Voraussetzung der Existenz eines physik-unabhängigen Substrates, eben des leeren Raumes, und formen den Geometriebegriff aus Idealisationen von Tatsächlichkeiten: Punkte, Geraden, Distanzen, Winkel und deren Beziehungen. Dass sich über die Eigenschaften dieser idealisierten Tatsächlichkeiten ein weitgehender Konsensus erzielen lässt, haben schon die Alten durchexerziert; er lebt in der Schulgeometrie ungebrochen fort. In diesem Sinne bildet die euklidische Geometrie einen Bezugsrahmen, ähnlich dem Bezugsrahmen des Kontinuums.

Um dem Messen zu dienen, ist der euklidischen Geometrie als Pflicht aufzuerlegen, in ihrem System von Distanzen das universelle Massystem für Grössen (archimedische Grössen wohlverstanden!) zu repräsentieren, also die reellen Zahlen. In diesem Lichte ist das Grundlagenproblem der Geometrie von verschiedenen Geometern gesehen worden und ist so durchaus vergleichbar mit dem in Kapitel 1 behandelten Grundlagenproblem der reellen Algebra und Analysis. Ein aus dieser Haltung resultierendes Axiomatisierungsprogramm wollen wir in den folgenden Abschnitten durchführen und diskutieren, mit der in Kapitel 1 erworbenen kritischen Haltung und Erfahrung über das Austauschverhältnis zwischen Ausdrucksfähigkeit von Sprachen und Unvollständigkeit von Axiomensystemen, aber ohne die definitorische Hilflosigkeit z.B. von Euklid: "Ein Punkt ist das, was keine Teile hat."

Es ist hier aber der Platz, kurz von der grundsätzlichen Bedenklichkeit des eben skizzierten Programms zu sprechen. Erstens von der physikalischen: Ist es denknotwendig, für die physikalischen Ereignisse ein davon unabhängiges präexistentes geometrisches Substrat zu postulieren, d.h. ist der sogenannte "Raum" eine physikalisch überhaupt notwendige Hypothese? Oder ist nicht eher das Messen mit in die Physik in irgendeiner Weise zu integrieren, möglicherweise ohne dass es daraus wieder als ein separater Unterbegriff rein "geometrischen" Charakters losgelöst werden könnte? Die moderne Physik legt uns diese Haltung nahe.
- Selbst wenn man die Sinngemässheit eines geometrischen Substrates der Physik zur Hypothese macht, ist es notwendig, geometrische Bedenken an die Allgemeinheit des elementargeometrischen Ansatzes anzumelden. Dies ist das methodologische Ziel der sogenannten Raumprobleme, welche die Geometrie der letzten 100 Jahre wesentlich beschäftigten und an der Basis der Entwicklung der Differentialgeometrie stehen. Es sind hier vor allem Riemann, Helmholtz und Lie zu nennen. Wir verweisen auf die äusserst spannend zu lesenden Abhandlungen von Riemann ("Ueber die Hypothesen, welche der Geometrie zugrundeliegen") und von Helmholtz ("Ueber die Tatsachen, welche der Geometrie zugrundeliegen"); eine Uebersicht über die Entwicklung der Fragestellung in den Händen von Lie, Weyl, etc. gibt die Sammlung von Freudenthal. Das Problem ist auch heute noch lebendig: Was folgt über die Struktur des Raumes, wenn man die freie Beweglichkeit endlicher (infinitesimaler) starrer Körper voraussetzt? - Statt differential-geometrisch kann man das Raumproblem auch topologisch etwa so formulieren: Welches sind die topologischen Eigenschaften eines topologischen Raumes, welche genügen, den euklidischen Raum zu charakterisieren? Gibt es solche, welche irgendwie "anschaulich" genannt werden können? Die Frage scheint sehr schwierig, man konsultiere etwa die Arbeit von Borsuk.
Wir wollen hier nicht noch einmal die Geschichte der nichteuklidischen Geometrie, von Gauss und dem (nicht stattgefundenen) Geschrei der

Boeotier, von Nikolai Iwanowitsch, vom Sohn des Herrn Bolyai erzählen, dies ist andernorts leicht zu finden. Statt dessen schliessen wir diesen Abschnitt - auch etwas anekdotenhaft - mit ein paar Hinweisen auf die Anfangsschwierigkeiten der modernen Axiomatik. - Hilbert stellte sich explizit auf den Standpunkt, dass die Axiome die in ihnen enthaltenen Grundbegriffe implizit definieren. Unsinn, sagten die "Boeotier", man mache eine Inversion am Einheitskreis, die Axiome (der Inzidenz) gelten immer noch, aber eine Gerade ist nicht mehr eine Gerade, sondern ein Kreis, wie kann also "Gerade" definiert sein. - Etwas geschickter schon ist die Kritik, die Frege angebracht hat: Ein Axiomensystem ist so etwas wie ein Gleichungssystem, das man nicht lösen kann; wenn wir die Frage beantworten wollen, ob irgend etwas, sagen wir meine Uhr, ein Punkt sei, so geraten wir schon mit dem ersten Axiom in Schwierigkeiten: dieses spricht von zwei Punkten. Freges Parodie der Hilbertschen Axiomatisierung ist aufschlussreich: Erklärung: Wir denken uns Gegenstände, die wir Götter nennen.

Axiom 1: Jeder Gott ist allmächtig.

Axiom 2: Es gibt wenigstens einen Gott.

Den zentralen Punkt der Axiomatisierung trifft diese Parodie: "Wir denken uns ...": Die Geometrie wird zur reinen Mathematik.

Literaturhinweise zu Kapitel II, §1:

Riemann, B.: "Ueber die Hypothesen, welche der Geometrie zu Grunde liegen" (1854). Neu herausgegeben und erläutert von H. Weyl, erschienen in einem Sammelband "Das Kontinuum und 3 Monographien", New York, Chelsea Publishing Company, o.J.

Von Helmholtz, H.: "Ueber die Thatsachen, die der Geometrie zum Grunde liegen" (1868), in: "Wissensch. Abhandlungen", Band 2, S. 618-639, Leipzig, Barth, 1883.

Freudenthal, H.: "Im Umkreis der sogenannten Raumprobleme", in: Bar-Hillel et al.: "Essays on the Foundations of Mathematics", S. 322-327, Amsterdam, North-Holland, 1962.

Borsuk, K.: "Grundlagen der Geometrie vom Standpunkte der allgemeinen Topologie aus", in: Henkin, Suppes & Tarski: "The Axiomatic Method with Special Reference to Geometry and Physics", S. 174-187, Amsterdam, North-Holland, 1959.

§2 Axiomatisierung durch Koordinatisierung

Nachdem wir also der euklidischen Geometrie die Pflicht auferlegt haben, als Distanzensystem den Körper $\mathbb{R}$ der reellen Zahlen zu gebrauchen, ist diese wohl am einfachsten zu verstehen als zweidimensionaler Vektorraum E über $\mathbb{R}$. Die Distanzfunktion wird dann mit Hilfe des Skalarproduktes erklärt als

$$\| x,y \| = \sqrt{(x-y) \cdot (x-y)}$$

für beliebige $x,y \in E$.

Die geometrischen Grundbegriffe: Punkt, Gerade, Kreis, Winkel, Kongruenz etc. sind nun zu erklären als Begriffe über dem Vektorraum E. Dann müssen die wesentlichen Eigenschaften und Beziehungen zwischen diesen Begriffen festgestellt werden und zu einem System von geometrischen Grundtatsachen, Axiomen, zusammengefasst werden, so dass sie in ihrer Gesamtheit den Vektorraum E wieder charakterisieren. Dies ist, reichlich vage ausgedrückt, das Programm der Axiomatisierung der Elementargeometrie, das wir hier vorhaben.

Welche Begriffe und Relationen über E sind nun als "geometrisch" zu taxieren? Wir vereinbaren, dass es diejenigen sind, welche bei isometrischen, d.h. distanzerhaltenden Abbildungen von E auf sich erhalten bleiben; so ist etwa das Bild eines Kreises unter einer Abbildung $f : E \to E$ stets ein Kreis, falls f eine Isometrie ist, falls also

$$\| x,y \| = \| f(x),f(y) \|$$

für alle $x,y \in E$ gilt.

Formal dürfen wir also geometrische Grundbegriffe wie folgt erklären:

$R \subseteq E^n$ ist eine n-stellige <u>geometrische Relation,</u> gdw. für alle Isometrien f von E gilt: $\langle x_1, \ldots, x_n \rangle \in R \equiv \langle f(x_1), \ldots, f(x_n) \rangle \in R$. Eine <u>Klasse C</u> von Teilmengen von E heisst <u>geometrisch,</u> wenn für alle Isometrien f und alle $\alpha \in C$ gilt: $\{f(x) : x \in \alpha\} \in C$.

In diesem Sinne sind die üblichen Grundbegriffe der Elementargeometrie, wie Geraden, Kreise, Dreiecke etc. geometrische Klassen, und sind auch die Begriffe Inzidenz, Kongruenz geometrische Relationen (auf Punkten).

Unser Axiomatisierungsprogramm kann nun schärfer wie folgt formuliert werden: Man wähle eine endliche Anzahl geometrischer Klassen und geometrischer Relationen auf diesen Klassen und suche ein Axiomensystem für dieses System von Elementen und Relationen, so dass gilt: Falls ein elementarer Satz für die in E gemachte Erklärung der Grundbegriffe gültig ist, so ist dieser Satz aus dem Axiomensystem beweisbar und umgekehrt. (Elementar nennen wir hier, wie früher, eine Aussage, wenn sie in der Sprache erster Stufe mit den betrachteten Relationen auf den betrachteten Elementen ausdrückbar ist.) Unser Vorgehen zur Auffindung eines solchen Axiomensystems basiert auf folgender Ueberlegung: (1) Die Punkte eines linearen (eindimensionalen) Unterraumes von E entsprechen in eineindeutiger Weise den Elementen des Grundkörpers von E , den reellen Zahlen. Die Körperoperationen können dabei durch einfache geometrische Konstruktionen: Streckenabtragungen und Proportionalitätssätze, nachvollzogen werden. Es ist ein leichtes, geometrische Grundbegriffe und ihre Eigenschaften so beizubringen, dass diese Konstruktionen formal definiert und die Eigenschaften der Körperoperationen formal beweisbar werden. (2) Der so eingeführte Körper auf einer Geraden wird dann zur Koordinatisierung der ganzen euklidischen Ebene verwendet, und es wird gezeigt, dass der so gewonnene Vektorraum dem ursprünglichen Vektorraum E isomorph ist. (3) Exakte Beweisanalysen ergeben dann schliesslich die benutzten Eigenschaften der geometrischen Relationen und damit die Axiomatisierung.

Wir wollen dieses Axiomatisierungsprogramm so durchführen, dass wir im wesentlichen das bekannte Hilbertsche Axiomensystem (für die euklidische Ebene) erhalten. Diese Wahl ist selbstverständlich vollkommen willkürlich, sie lässt sich aus ihrem historischen Interesse und aus der leichten Zugänglichkeit der Literatur begründen.

Beginnen wir also, indem wir als geometrische Grundelemente

<u>Geraden:</u> Variable bezeichnet mit $x,y,z,\ldots,g,\ell,\ldots,a,b,c,\ldots$
<u>Punkte:</u> Variable bezeichnet mit $X,Y,Z,\ldots,P,Q,\ldots,A,B,C,\ldots$

wählen und vorerst nur die (geometrische) Relation der <u>Inzidenz</u> ins Vokabular aufnehmen; Bezeichnung $P \in \ell$. Wir übernehmen die Numerierung (aber nicht die Schreibweise) der Hilbertschen Axiome.

<u>Inzidenzaxiome und Parallelenaxiom</u>

I_1 & I_2: $A \neq B \supset \exists! a(A \in a \wedge B \in a)$;

I_3: $\forall a \exists A \exists B(A \neq B \wedge A \in a \wedge B \in a) \wedge \exists A \exists B \exists C \neg \exists a(A \in a \wedge B \in a \wedge C \in a)$;

Definition $a /\!/ b \ :\equiv\ \exists A(A \in a \wedge A \in b) \supset a = b$

IV*: $\forall a \forall A(\neg A \in a \supset \exists! b(A \in b \wedge a /\!/ b))$.

Aus den Axiomen $I_1 - I_3$ folgt unmittelbar die Existenz der für das folgende zentral wichtigen Grundfigur: Zwei sich schneidende Geraden g und g' mit Schnittpunkt 0 und von 0 verschiedenen Punkten E und E' . - Wir wollen nun auf der Geraden g die Körperoperationen geometrisch einführen, d.h. mittels der Inzidenzrelation allein erklären, wobei der Punkt E die multiplikative Einheit, der Punkt 0 das neutrale Element der Addition darstellen soll. {Wir benutzen im folgenden ohne nähere Erklärung die üblichen geometrischen Redeweisen schneiden, liegen auf, geht durch, etc. Bei Skizzen verwenden wir Markierungen auf Geraden, um Scharen paralleler Geraden zu bezeichnen. $g \times h$ bezeichnet Schneiden.}

Die Möglichkeit, die Figuren für die Konstruktion von Addition und Multiplikation wie unten zu zeichnen, beruht auf folgendem Lemma, das sich leicht aus den bisherigen Axiomen beweisen lässt.

LEMMA: Falls $h \neq g$ und $h \times g$, so folgt aus $h' /\!/ h$, dass $h' \times g$.

Addition

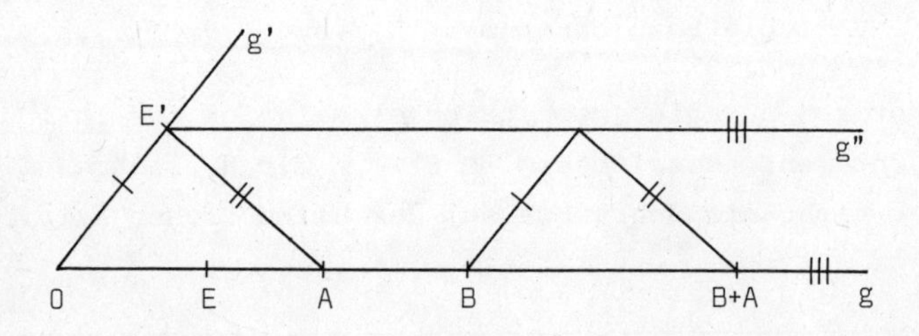

Multiplikation

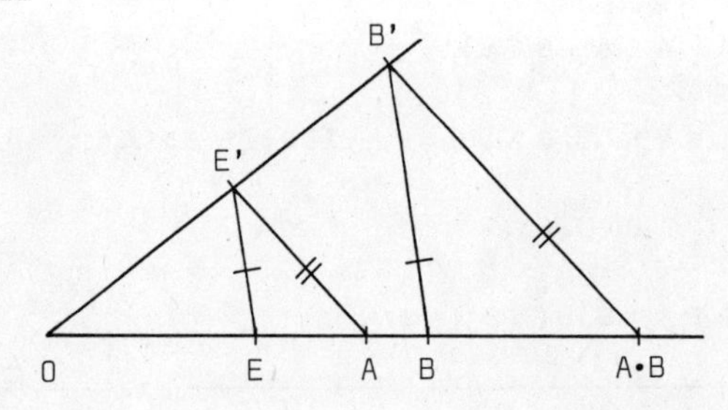

Die Frage nach der Wohldefiniertheit der Addition und Multiplikation sowie nun auch die Frage nach der Gültigkeit der Körperaxiome ergibt Forderungen nach der Gültigkeit gewisser Schliessungssätze. Als wichtigsten solchen verwenden wir den Desargueschen Satz, den wir vorerst mit unter die Axiome aufnehmen.

Desarguescher Satz

D: Sind von zwei Dreiecken die entsprechenden Seiten parallel, so treffen sich die Verbindungsgeraden entsprechender Ecken in einem Punkt oder sind selbst parallel; sind umgekehrt zwei Dreiecke so gelegen, dass die Verbindungsgeraden entsprechender Ecken durch einen Punkt laufen oder einander parallel sind, und sind ferner zwei Paare entsprechender Seiten der Dreiecke parallel, so sind auch die dritten Seiten der beiden Dreiecke einander parallel.

Aus dem Desargueschen Satz folgt unmittelbar die nützliche Bemerkung, dass bei der Definition von $B+A$ man die Gerade g'', statt durch E' durch irgendeinen von 0 verschiedenen Punkt von g' ziehen kann:

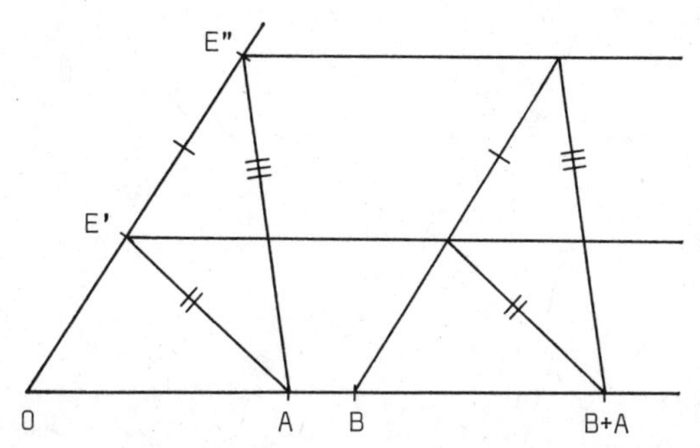

Es folgen nun die Beweise für die Körperaxiome; diese werden grösstenteils durch mehrfache Anwendung des Desargueschen Satzes geliefert, wir machen dies in Skizzen durch geeignete Auszeichnung zueinander perspektiver Dreiecke deutlich.

Kommutativität der Addition

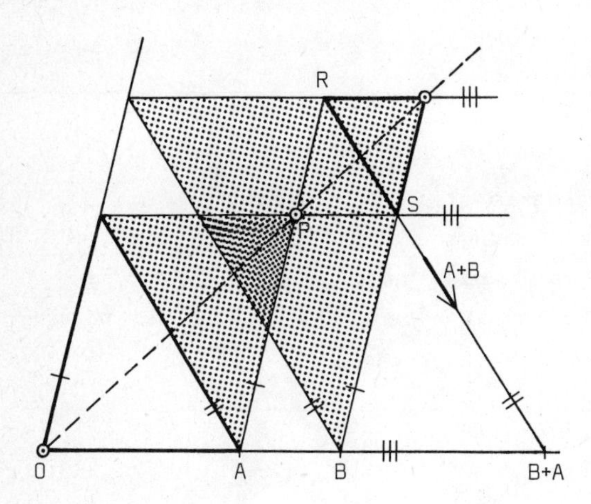

Wegen D für ▲ liegen die Punkte ⊙ auf einer Geraden. Aus der perspektivischen Lage der Dreiecke Δ mit Zentrum P geht die Gerade RS durch $B+A$.

Assoziativität der Addition

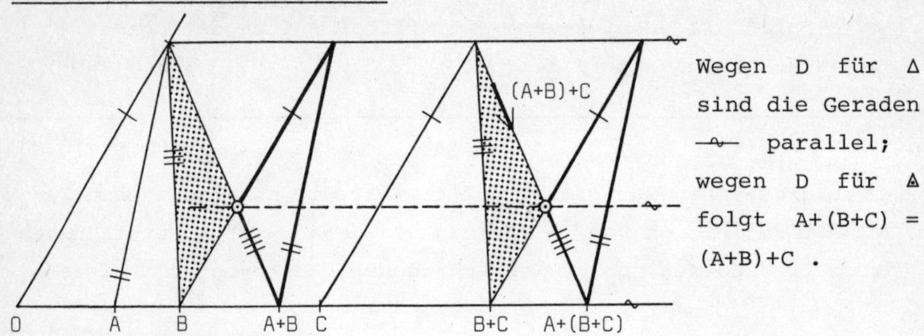

Wegen D für Δ sind die Geraden —∿— parallel; wegen D für ▲ folgt A+(B+C) = (A+B)+C .

Assoziativität der Multiplikation

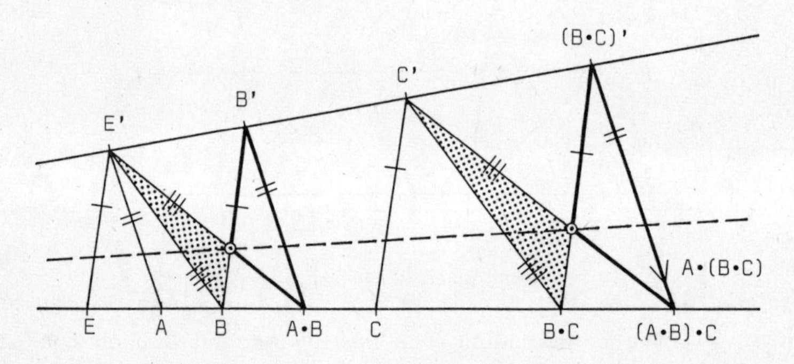

Für den Beweis der Kommutativität der Multiplikation brauchen wir einen weiteren Schliessungssatz, den wir wiederum als zusätzliches Axiom postulieren, den Satz von Pappus und Pascal, meistens kurz der Satz von Pascal genannt.

Satz von Pascal

P: Auf zwei Geraden seien Punkte 1, 2, 3 respektive 1', 2', 3' so gelegen, dass die Verbindungsgeraden 12' und 1'2 sowie 23' und 2'3 je zueinander parallel sind. Dann sind auch die Verbindungsgeraden 13' und 1'3 zueinander parallel.

Es folgt übrigens der Satz von Desargues aus dem Satz von Pascal; der Beweis, wenn vollständig ausgeführt, besteht aus vielen Einzelfällen, und wir wollen ihn uns hier schenken.

Kommutativität der Multiplikation

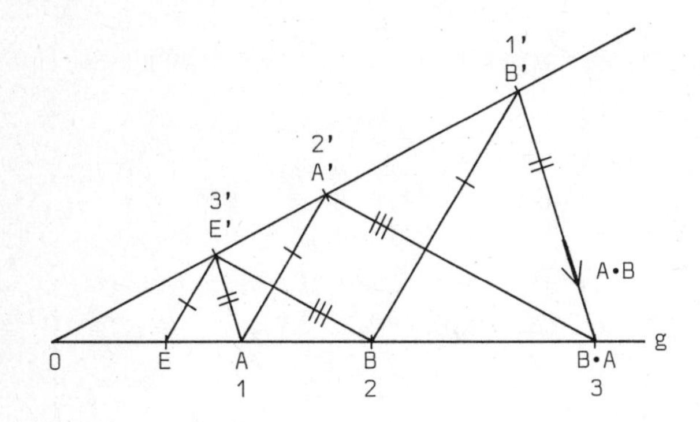

Wir bezeichnen die Punkte auf g und g' wie angegeben und schliessen mit P auf A • B = B • A .

Distributives Gesetz

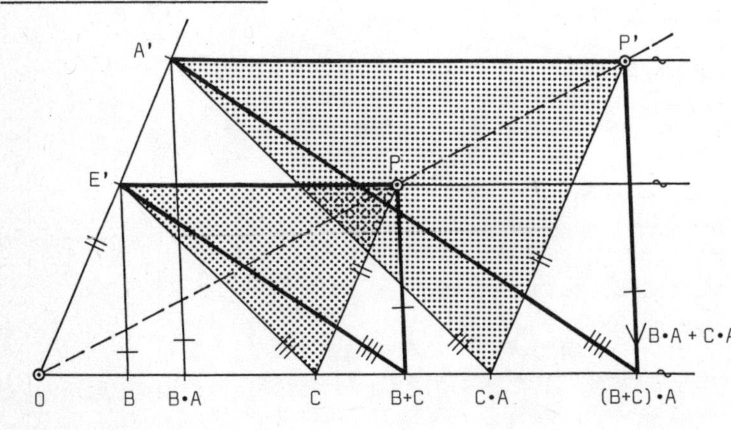

Wir wenden zweimal D an und beweisen so Distributivität.

Die Existenz von Null (eben O), Eins (nämlich E) des Negativen und Inversen von Elementen ist eine triviale Uebungsaufgabe. - So haben wir schliesslich wenigstens die Körperaxiome nachgewiesen. Zur Einführung der Ordnungsrelation auf dem Körper müssen wir auf einen geometrischen Begriff zurückgreifen; eine natürliche Wahl ist die Beziehung

ABC: "B liegt zwischen A und C und ist von beiden verschieden."

Diese Relation dient unmittelbar zur Einführung der Ordnungsrelation auf dem konstruierten Körper; wir begründen diese auf der einfacher zu erklärenden Eigenschaft der Positivität.

<u>Definition</u>

$A > 0 \;:\equiv\; A \neq 0 \wedge \neg A0E$

Mittels des Positivheitsbegriffs formulieren sich die Ordnungsaxiome des Körpers zu

$$\neg(0>0) \;;\quad A>0 \vee -A>0 \vee A=0 \;;$$
$$A>0 \wedge B>0. \supset. A+B>0 \wedge A\cdot B>0 \;.$$

Diese müssen aus geeignet gewählten Axiomen über die Zwischenbeziehung gefolgert werden. Letztere lauten bei Hilbert wie folgt.

<u>Axiome der Anordnung</u>

II_1: $ABC \supset. CBA \wedge \exists a(A \in a \wedge B \in a \wedge C \in a) \wedge A \neq B \wedge A \neq C \wedge B \neq C$;

II_2: $A \neq B \supset \exists C\, ABC$;

II_3: $ABC \supset \neg ABC \wedge \neg BAC$;

II_4: $\neg \exists x(A \in x \wedge B \in x \wedge C \in x) \wedge A \notin a \wedge B \notin a \wedge C \notin a$
$\wedge\, D \in a \wedge ADB. \supset. \exists E(E \in a \wedge AEC) \vee \exists F(F \in a \wedge BFC)$.
(Axiom von Pasch)

Eine exakte Herleitung der Ordnungsaxiome aus den Anordnungsaxiomen ist relativ aufwendig, da die Axiome II recht knapp bemessen sind; da eine solche Herleitung für uns nicht weiter von Interesse wäre, überspringen wir sie (man konsultiere Hilberts Büchlein) und formulieren als letztes Axiom dasjenige, welches nun den konstruierten Körper dem Körper $\mathbb{R}$ der reellen Zahlen isomorph macht, eben das Vollständigkeitsaxiom.

<u>Vollständigkeitsaxiom</u>

$\overline{V}$: Es seien M und N zwei nichtleere Mengen von Punkten auf einer Geraden g, und es gebe einen Punkt C derart, dass für alle $A \in M$ und $B \in N$ gilt CAB. Dann gibt es einen Punkt D derart, dass für alle $A \in M$ und $B \in N$, welche verschieden sind von D, gilt ADB.

Aus $\overline{V}$ folgt nämlich sofort, dass der auf der Geraden g konstruierte Körper vollständig ist. - Damit ist Aufgabe (1) unseres Axiomatisierungsprogramms zu Ende geführt.

Zur Erledigung der Aufgabe (2) müssen wir nun den auf der Geraden g konstruierten Körper zur Koordinatisierung der ganzen Ebene verwenden. Dazu muss erstens auch auf der Geraden g' ein Körper konstruiert werden; dies denken wir uns in ebenderselben Weise getan wie für g, durch Vertauschung von E mit E'. Dabei stellt sich heraus, dass die Körper auf g und g' einander isomorph sind, der Isomorphismus wird durch Projektionen parallel zur Geraden EE' geliefert:

<u>Addition</u>

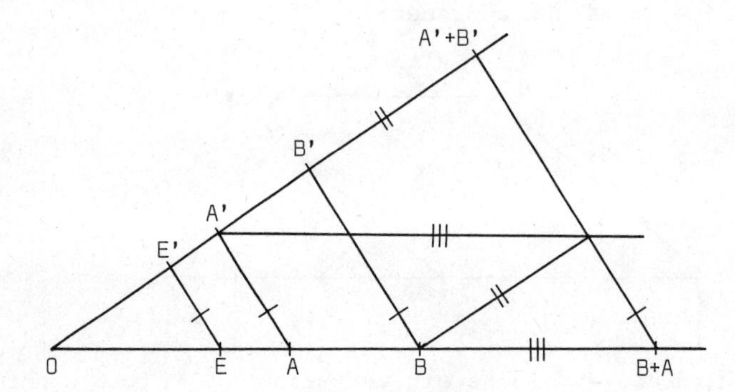

Multiplikation

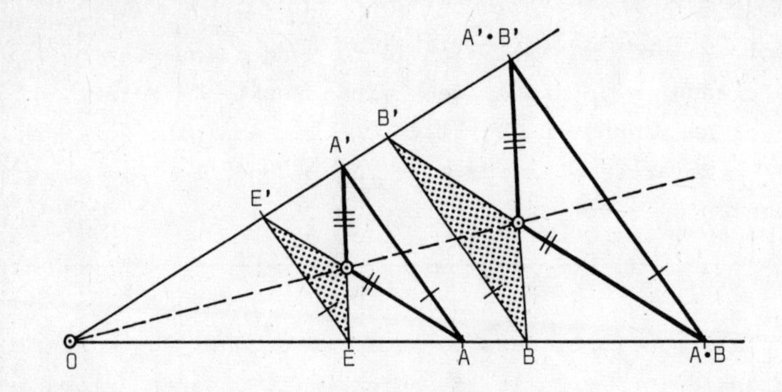

Ordnung

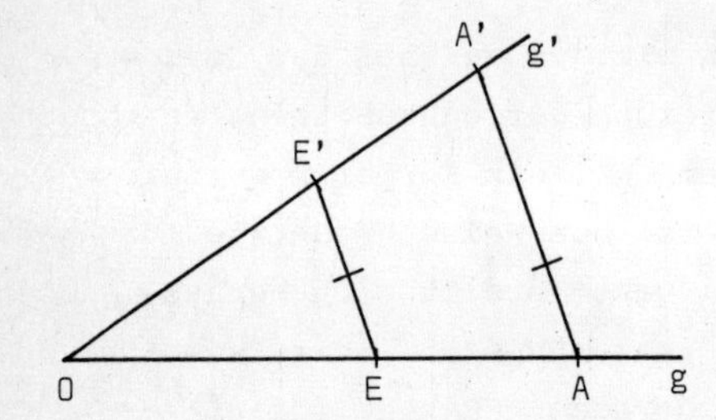

$OEA \equiv OE'A'$ wegen der Axiome der Gruppe II, insbesondere Paschs Axiom II_4.

Jedem Punkt P können wir nun zwei Koordinaten, reelle Zahlen X, Y, mittels folgender Erklärung zuordnen:

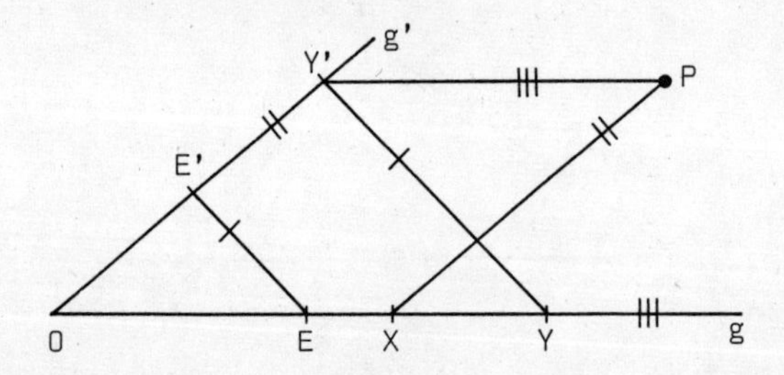

Schliesslich wird aus der Ebene ein Vektorraum V mittels der folgenden Definition des Skalarproduktes zweier Punkte P und Q : Falls X_1, Y_1, respektive X_2, Y_2 die Koordinaten von P, respektive Q sind, so sei $P \cdot Q := X_1 \cdot X_2 + Y_1 \cdot Y_2$, wobei Additionen und Multiplikationen die auf der Koordinatenachse erklärten Operationen sind.

Nun hängt allerdings unserer Koordinatisierung insofern etwas Willkürliches an, dass wir in der Wahl der Koordinatenachsen und Einheitspunkte völlig frei waren. Mathematisch wirkt sich dies dahin aus, dass die durch die Koordinaten vermittelte Abbildung $(X,Y) \mapsto (\overline{X},\overline{Y})$ der Ebene auf sich im allgemeinen keine Isometrie ist. (Dabei bedeuten X,Y die Koordinaten eines Punktes P bez. den Achsen g und g', $\overline{X},\overline{Y}$ die Koordinaten desselben Punktes bez. den Achsen $\overline{g}$ und $\overline{g}'$.) Was fehlt, ist die Ausdrückbarkeit der Forderung, dass die Koordinatenachsen aufeinander senkrecht stehen und die Distanzen von $0E$ und $0E'$ einander gleich sind. Zu diesem Zwecke werden eingeführt die Streckenkongruenz

$AB \approx CD$ "die Strecke AB ist kongruent der Strecke CD"

und die Winkelkongruenz

$ABC \approxeq EFG$ "der Winkel bei B ist kongruent dem Winkel bei F".

Für diese neuen geometrischen Grundbegriffe formulieren wir die Axiome der Hilbertschen Axiomgruppe III wie folgt:

Kongruenzaxiome

III_1: $A \neq B \wedge C \neq D. \supset \exists E(CDE \wedge AB \approx DE)$;

III_2: $AB \approx EF \wedge CD \approx EF. \supset AB \approx CD$;

III_3: $AB \approx A'B' \wedge BC \approx B'C' \wedge ABC \wedge A'B'C'. \supset AC \approx A'C'$;

III_4: $\neg \exists a(A \in a \wedge B \in a \wedge C \in a) \wedge \neg \exists a(A' \in a \wedge B' \in a \wedge C^* \in a). \supset$
$\exists C' \exists a[A' \in a \wedge B' \in a \wedge \neg \exists D(D \in a \wedge C^*DC') \wedge ABC \approxeq A'B'C'$
$\wedge \forall C''((\neg \exists E(E \in a \wedge C^*EC'') \wedge ABC \approxeq A'B'C'') \supset$
$(C'' = C' \vee B'C''C' \vee B'C'C''))]$;

III_5: $AB \approx A'B' \wedge AC \approx A'C' \wedge BAC \approxeq B'A'C'. \supset ABC \approxeq A'B'C'$;

* : $AB \approx CD \supset C \neq D$;

* : $A \neq B \supset AB \approx BA$;

* : $ABC \approxeq A'B'C' \supset \neg \exists a(A' \in a \wedge B' \in a \wedge C' \in a)$;

* :	$A_1B_1C_1 \approxeq A_3B_3C_3 \wedge A_2B_2C_2 \approxeq A_3B_3C_3 . \supset A_1B_1C_1 \approxeq A_2B_2C_2$;
* :	$\neg\exists a(A \in a \wedge B \in a \wedge C \in a) \supset ABC \approxeq CBA$;
* :	$\neg\exists a(A \in a \wedge B \in a \wedge C \in a) \wedge (BA'A \vee BAA') . \supset ABC \approxeq A'BC$.

Die mit * bezeichneten Axiome fehlen in Hilbert; sie werden notwendig durch die Art der Formulierung der Konzepte (Winkelkongruenz als sechsstellige Relation auf Punkten). - Das nun fertig präsentierte Axiomensystem von Hilbert für die ebene euklidische Geometrie wäre einer strengen Herleitung der bekannten Sätze der Elementargeometrie zugrundezulegen, also etwa den Kongruenzsätzen für Dreiecke, dem Pythagoräischen Lehrsatz und so fort. Wir wollen uns hier aber sicherlich nicht damit aufhalten, sondern einfach bemerken:

Falls in der euklidischen Ebene $\underline{E}$ zwei sich in einem Punkte 0 schneidende Geraden g und g', und Punkte E und E' auf g, respektive g', so gewählt werden, dass g auf g' senkrecht steht und $0E \approx 0E'$, so ist der wie oben aus Punkten von $\underline{E}$ konstruierte Vektorraum isomorph mit E.

Literaturhinweise zu Kapitel II, §2:

Artin, E.: "Geometric Algebra", Kap. II, S. 51 ff., New York, Interscience, 1957.

Veblen, O. & Young, J.W.: "Projective Geometry", Vol. I, Kap. VI, S. 141-168, New York, Blaisdell, o.J.

Hilbert, D.: "Grundlagen der Geometrie", 7. Auflage, §24 - §27 und §32, Stuttgart, Teubner, 1930.

Schwabhäuser, W.: "Ueber die Vollständigkeit der elementaren Euklidischen Geometrie", Zeitschrift für math. Logik und Grundlagen der Mathematik, Band 2, S. 137-165, (1956).

§3 Wissenschaftstheoretische Fragen und Methoden der Elementargeometrie

Das Vollständigkeitsaxiom $\overline{\underline{V}}$ für die ebene euklidische Geometrie stellt uns wiederum vor das bereits im ersten Kapitel behandelte Problem: In welchem Sinne sind die darin genannten Mengen M und N zu verstehen; wie, mit andern Worten, wollen wir den Inhalt von Axiom $\overline{\underline{V}}$ adäquat in unserer formalen Sprache ausdrücken? Und wiederum wählen wir denselben Ausweg: Wir identifizieren Mengen mit Extensionen von Prädikaten, im vorliegenden Falle also mit Prädikaten in der Sprache erster Stufe der Elementargeometrie mit den in §2 eingeführten Grundbegriffen. Das so entstehende elementarisierte Vollständigkeitsaxiom nennt man das Schema von Tarski.

$\overline{\underline{V}}_T$: Für jedes Paar von Formeln $H_1(.)$ und $H_2(.)$ gilt: $\exists C \forall A \forall B (H_1(A) \wedge H_2(B) . \supset ABC)$ $\supset \exists D \forall A \forall B (A \neq D \wedge B \neq D \wedge H_1(A) \wedge H_2(B) . \supset ADB)$.

Aus $\overline{\underline{V}}_T$ folgt für den auf g konstruierten geordneten Körper unmittelbar, dass er das (elementare) Vollständigkeitsaxiom der Theorie der reellen Algebra (Kap. 1, §2) erfüllt. Die Vollständigkeit und Entscheidbarkeit dieser letzteren Theorie überträgt sich nun dank unserer Konstruktion in §2 auf die elementare euklidische Geometrie. Wir wollen uns dies anhand einer Gegenüberstellung von Geometrie und linearer Algebra klarmachen, welche die durch die Koordinatisierung hervorgetretenen Beziehungen auch in formaler Sicht deutlich macht. Wir wählen dazu eine Formulierung der respektiven Sprachen, die Operationen und Relationen gleich bezeichnet, welche geometrische (algebraische) Grundbegriffe sind, aber in der linearen Algebra (eukl. Geometrie) definierbar sind. Wir ersparen uns in den meisten Fällen das volle Ausschreiben der Definitionen.

Sprache der Geometrie		Sprache der linearen Algebra	
P,Q,R,...	Punktvariablen	P,Q,R,...	Vektorenvariablen
0,E,E'	ausgezeichnete Punkte	0	Nullvektor
		E,E'	orthonormale Basis
ℓ,m,n,...	Geradenvariablen	ℓ,m,n,...	Variablen für lineare Unterräume
g,g'	ausgezeichn. Geraden	g,g'	von E,E' aufgespannte lineare Unterräume
$\in$	Inzidenzrelation	$\in$	Elementrelation
$\approx$	Streckenkongruenz	$AB \approx CD :\equiv$	$(A-B)\cdot(A-B) = (C-D)\cdot(C-D)$
PQR	Zwischenrelation	PQR $:\equiv$ ...	
$\approxeq$	Winkelkongruenz	PQR $\approxeq$ UVW	$:\equiv$ ...
x,y,z,...	Variablen für Punkte auf g	x,y,z,...	Variablen für Elemente des Grundkörpers
$P\cdot Q = x$	$:\equiv$ ...	$P\cdot Q$	Skalarprodukt
$x+y = z$	$:\equiv$ ...	$+$	Addition im Körper
$-y = z$	$:\equiv$ ...	$-$	Subtraktion im Körper
$x\cdot y = z$	$:\equiv$ ...	$\cdot$	Multiplikation im Körper
$y^{-1} = z$	$:\equiv$ ...	-1	Inverses im Körper
$x = 0$	$:\equiv$ $x = 0$	0	Null
$x = 1$	$:\equiv$ $x = E$	1	Eins
$x > 0$	$:\equiv$ ...	$<$	Ordnungsrelation

Man beachte, dass jede Formel der durch Definitionen erweiterten Sprache der Geometrie aufgefasst werden kann als eine Formel der durch Definitionen erweiterten Sprache der linearen Algebra. Die Unterscheidung zwischen Geometrie und Algebra liegt also vielmehr bei der Herausstellung derjenigen Tatsachen, die wir als Axiome betrachten wollen. Der Uebersicht halber führen wir diese im folgenden nochmals auf.

<u>Axiome der Geometrie: Γ</u>

I, II, III, IV*, $\underline{\overline{V}}_T$, D, P,
dazu:
$(g \perp g' \wedge 0E \approx 0E' \wedge 0 \in g \wedge 0 \in g' \wedge E \in g \wedge E' \in g')$.

<u>Axiome der linearen Algebra: Λ</u>

Axiome für reell abgeschlossene Körper (für Variablen x,y,...);
dazu:
übliche Axiome für Vektorräume, Basis E,E' ; Inzidenz auf linearen Unterräumen.

<u>Metatheorem</u>

Für jede Formel F der erweiterten Sprache gilt: Falls F aus Γ beweisbar ist, so ist F auch aus Λ beweisbar und umgekehrt.

Die Hauptetappen des Beweises für das obige Metatheorem haben wir schon in §2 hinter uns gebracht, wenigstens in einer Richtung; die andere ist "analytische Geometrie"; wir wollen uns damit hier nicht noch einmal beschäftigen. Statt dessen wenden wir uns nun der Frage nach Vollständigkeit und Entscheidbarkeit des Axiomensystems Γ der ebenen euklidischen Geometrie zu. Diese beiden metatheoretischen Eigenschaften haben wir in Kapitel 1 für die Axiomatisierung der reell abgeschlossenen Körper im Detail nachgewiesen. Dieses Ergebnis überträgt sich in einfachster Weise auf das oben skizzierte Axiomensystem Λ der linearen Algebra; die detaillierte Ausführung erübrigt sich. Aus Vollständigkeit und Entscheidbarkeit von Λ folgt aber, wie wir gleich zeigen werden:

<u>Vollständigkeit und Entscheidbarkeit der elementaren ebenen euklidischen Geometrie</u>

Für jeden Satz F der Sprache der elementaren Geometrie lässt sich entweder F oder $\neg F$ aus den Axiomen Γ herleiten; die Frage, ob ein gegebener Satz herleitbar sei, ist effektiv entscheidbar.

Zum Beweis betrachten wir eine beliebige Formel F der elementaren Geometrie. Diese Formel deuten wir um als eine Formel der durch Definition erweiterten Sprache der linearen Algebra. Aus Vollständigkeit und Entscheidbarkeit von Λ folgt dann, dass entweder F oder $\neg F$ aus Λ beweisbar ist und dass wir effektiv entscheiden können, welches von beiden zutrifft. Nach dem Metatheorem gilt also dasselbe für Γ.

Wir haben also mit unserem Vorgehen ein vollständiges Axiomensystem für die elementare ebene euklidische Geometrie gefunden. Allerdings ist es recht umfänglich, und es stellt sich die Frage, ob nicht das Axiomensystem etwas reduziert werden könnte. Sicherlich sind einzelne der Axiome entbehrlich; z.B. sind der Pascalsche und der Desarguesche Satz aus den übrigen Axiomen herleitbar. Wir wollen aber auf die sicher reizvollen Einzelfragen nach Unabhängigkeit verschiedener Axiome und auf die sich daran auffächernde Auswahl nicht-euklidischer, nicht-paschscher etc. Geometrien hier nicht eingehen. Dies auch aus einem grundsätzlichen Bedenken heraus: Die Wahl der Grundbegriffe, ja auch der Axiome für die Geometrie ist, wie ersichtlich, mit einem grossen Mass von Willkürlichkeit und historischer Zufälligkeit verbunden. Wenn wir nun einzelne Axiome aussondern und statt ihrer die Negation (falls widerspruchsfrei) dazunehmen, so potenzieren wir möglicherweise diese Willkürlichkeiten und erhalten eine ausserordentlich komplizierte, ja barocke, Auffächerung von "Geometrien", die durchaus nicht irgendwelchen legitimen Fragen aus dem Kreise der wirklichen Raumprobleme zu entsprechen brauchen.

Die Forschung in den Grundlagen der Geometrie hat sich deshalb schon früh mit der Frage der Auswahl der geometrischen Grundbegriffe beschäftigt, z.B.: welche, möglichst einfache und möglichst wenige, sollen an den Anfang gestellt werden?

Als erstes sieht man leicht ein, dass man mit einer Sorte von Dingen, z.B. mit Punkten allein, auskommen kann; Geraden werden als Paare voneinander verschiedener Punkte eingeführt. Formal stellt sich dies dar durch einen Uebersetzungsmechanismus, welcher Sätzen mit Geradenvariablen äquivalente Sätze ohne solche zuordnet:

$$\exists a F(a) \equiv \exists A_1 \exists A_2 (A_1 \neq A_2 \wedge F') ,$$

wo F' aus F(a) entsteht, indem jede Atomformel $B \in a$ ersetzt wird durch

$$(B = A_1 \vee B = A_2 \vee BA_1A_2 \vee A_1BA_2 \vee A_1A_2B) \;,$$

$a = b$ ersetzt wird durch

$$(A_1 \in b \wedge A_2 \in b) \;.$$

In einem nächsten Schritt kann auch die Winkelkongruenz beseitigt werden, denn es gilt ja nach dem ersten Kongruenzsatz für Dreiecke:

$$\begin{aligned} ABC \approxeq A^*B^*B \;\; .\!\equiv\!. \;\; & \exists A'\exists C'(A'B^* \approx AB \wedge A'C' \approx AC \wedge B^*C' \approx BC \wedge \\ & (B^*A'A^* \vee A' = A^* \vee B^*A^*A') \wedge \\ & (B^*C'C^* \vee C' = C^* \vee B^*C^*C')) . \end{aligned}$$

Die ebene euklidische Geometrie kann also mit Punkten allein und darauf mit Zwischenbeziehung und Streckenkongruenz begründet werden. Ein entsprechendes Axiomensystem hat Tarski aufgestellt (siehe Literaturverzeichnis); er schreibt

$$\beta ABC \quad \text{für} \quad ABC \vee A = B \vee B = C \;, \quad \text{und}$$
$$\delta ABCD \quad \text{für} \quad AB \approx CD \vee (A = B \wedge C = D) \;.$$

Es ist leicht, die Grundbegriffe weiter zu reduzieren, nämlich dadurch, dass man bemerkt, wie βABC aus δ definiert werden kann. Zur Vereinfachung der Schreibweise (der verschiedenen Sorten von Variablen haben wir uns ja entledigt) verwenden wir nunmehr kleine Buchstaben als Variable für Punkte.

Wir definieren

$$xy \leqq yz \;\; :\equiv \;\; \forall u[\delta yuuz \supset \exists v(\delta xvvy \wedge \delta vyyu)] \;;$$

die geometrische Interpretation von $xy \leqq yz$ ist, dass die Distanz von x und y kleiner oder gleich der zwischen y und z ist. Nämlich

$$\| x,y \| \nleq \| y,z \| \;\; \equiv \;\; \exists u(\delta yuuz \wedge \forall v(\delta vyyu \supset \neg\, \delta xvvy) \;,$$

wie man sich an der folgenden Skizze klarmacht:

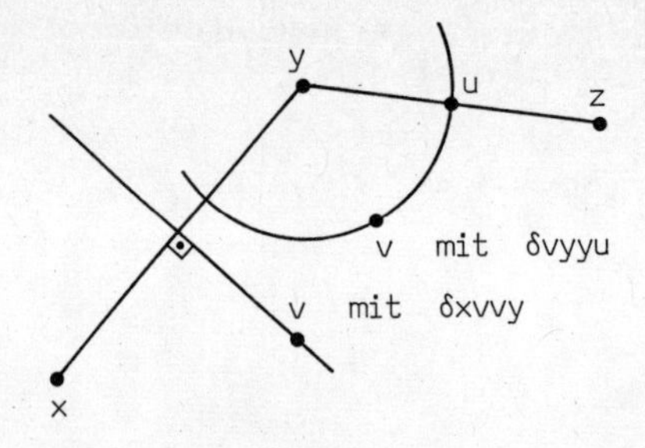

Jetzt stellt sich die modifizierte Zwischenbeziehung β dar als

$$\beta xyz :\equiv \forall u(ux \leqq xy \wedge uz \leqq zy. \supset u = y) ,$$

was wir wieder durch eine Skizze (und den Verweis auf die Schulgeometrie) belegen:

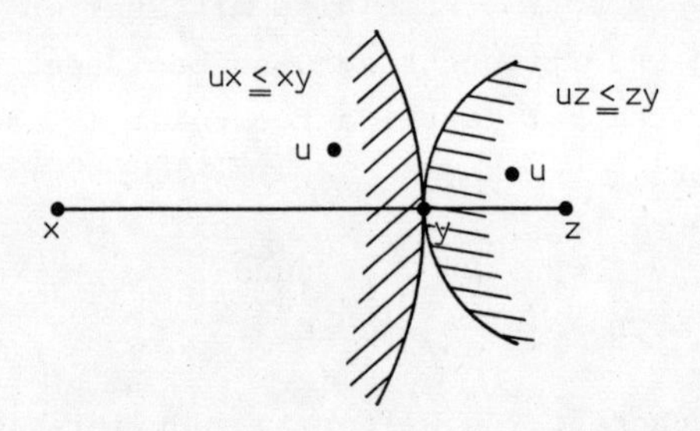

Die ebene Geometrie käme also mit dem vierstelligen Prädikat δ allein aus. - Um noch weiter zu reduzieren, bemerkt man, dass für die Definitionen von β und $\leqq$ das Prädikat δ nur in der Verbindung $\delta xyyz$, also mit identischen mittleren Variablen, benutzt wurde. Dies ist die Relation, welche Pieri schon 1908 als ausreichend erkannt hat.

$$\pi xyz :\equiv \delta xyyz .$$

Man kann nämlich auch δ selbst auf π zurückführen. Dazu erklärt man β und $\leqq$ wie oben (aber unter Verwendung des Symbols π) und definiert vorerst einmal

$$\text{coll } xyz :\equiv \beta xyz \vee \beta yxz \vee \beta xzy ,$$
$$\text{sym } xyz :\equiv \forall u(\text{coll } xyu \wedge \pi xyu .\equiv. u = x \vee u = z) ,$$

welche Definitionen ausdrücken, dass x,y,z kollinear, bzw. dass x und z symmetrisch zu y gelegen sind. Dann gilt offenbar in der euklidischen Ebene ein Satz, welcher die folgende Definition von δ erlaubt:

$$\delta xyuv \;:\equiv\; \exists r \exists t(\mathrm{sym}\, xru \wedge \mathrm{sym}\, yrt \wedge \pi tuv) \;.$$

Die folgende Skizze illustriert den Inhalt des Satzes:

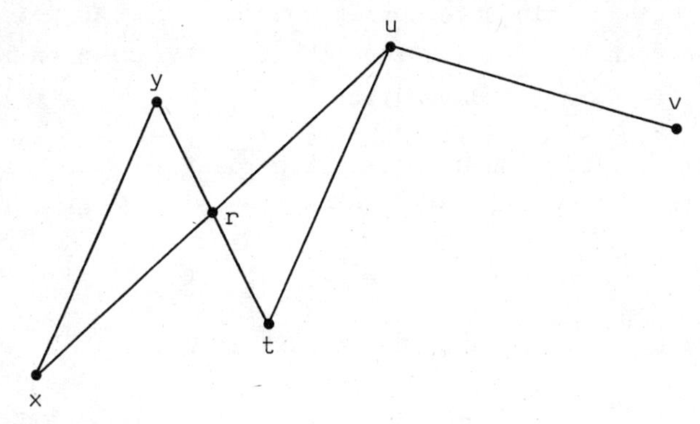

Weitere Rückführungen sind von Bernays, Scott (1956) und Henkin (1962) gefunden worden:

νxyz : der Winkel bei y ist ein rechter Winkel;
$\pi' xyz$: das Dreieck xyz ist gleichschenklig;
$\nu' xyz$: das Dreieck xyz ist rechtwinklig.

Wie weit kann man gehen, insbesondere: Mit welchen Mitteln kann man beweisen, dass gewisse definierte Relationen oder Relationstypen <u>nicht</u> genügen, um die ebene Geometrie zu begründen? Hier ein Beispiel:

Satz:

In der euklidischen Ebene ist es nicht möglich, eine oder mehrere zweistellige Operationen auf Punkten aus π elementar so zu definieren, dass umgekehrt π aus diesen Operationen definierbar ist.

<u>Beweisidee.</u> Wir konstruieren ein Modell der Geometrie und eine Abbildung des Modells auf sich, welche ein Automorphismus ist für die Operationen, aber nicht für die Pierische Relation π . Wäre π aus den Operationen definierbar, so müsste die Abbildung aber auch ein π-Automorphismus sein. - Diese Methode zum Nachweis der Nichtdefinierbarkeit

eines Begriffes ist unter dem Namen "Padoasche Methode" bekannt; Beth hat gezeigt, dass sie für elementare Theorien stets im Prinzip angewandt werden kann, d.h. dass bei Nichtdefinierbarkeit stets ein geeignetes Modell und ein Automorphismus existieren.

Vorbereitung. Sei A ein Unterkörper von $\mathbb{C}$, dem Körper der komplexen Zahlen. Eine Hamel-Basis für $\mathbb{C}$ mit Koeffizienten in A ist eine Menge $B \subseteq \mathbb{C}$ derart, dass gilt:

(i) jedes $z \in \mathbb{C}$ kann dargestellt werden als Summe $\Sigma a_i \cdot b_i$, $a_i \in A$, $b_i \in B$, mit nur endlich vielen Termen;

(ii) falls $\Sigma a_i \cdot b_i = 0$, dann ist $a_i = 0$ für alle i.

Für jedes A gibt es eine Hamel-Basis. Nämlich: Sei $\mathbb{C}$ wohlgeordnet, $\mathbb{C} = \{c_0, c_1, c_2, \ldots, c_\alpha, \ldots\}$.

c_α wird B beigefügt gdw. c_α nicht als endliche Summe von $c_\beta \in B$, $\beta < \alpha$, dargestellt werden kann. Bei dieser Konstruktion (mit sog. transfiniter Rekursion) kann man über ein endliches Anfangsstück der Elementarfolge von B relativ frei verfügen, z.B. $b_0 = 1$, b_1 reell $\notin A$, b_2 beliebig komplex $\notin A$. Wir werden dies unten ausnützen. Das so konstruierte B ist eine Basis: Sei $c \in \mathbb{C}$. Dann ist $c = c_\alpha$ für ein α. Falls $c_\alpha \in B$, so sind wir fertig, sonst existiert nach Konstruktion von B eine Darstellung $c_\alpha = \Sigma a_i \cdot b_i$. Zweitens, sei $\Sigma a_i \cdot b_i = 0$ und $a_i \neq 0$ für eines der a_i. Sei $c_\alpha = \max\{b_j \mid a_j \neq 0\}$ (existiert, da wir hier nur eine endliche Summe haben). Dann ist $c_\alpha \in B$, aber c_α ist darstellbar als Linearkombination früherer Basiselemente: Widerspruch. Schliesslich beachten wir, dass die Darstellung von Elementen von $\mathbb{C}$ durch Linearformen (bis auf Reihenfolge) eindeutig ist, es ergäbe sich sonst ein Widerspruch zu (ii).

Beweis: Wir nehmen an, wir hätten eine oder mehrere solche Operationen ρ_i, $i = 1, 2, \ldots, n$, die wir als zweistellige Operationszeichen zwischen die Argumente schreiben:

$$x \, \rho_i \, y = z .$$

Diese Operationen müssen bei Aehnlichkeitstransformationen der euklidischen Ebene auf sich erhalten bleiben, weil dies für π gilt und die Operationen aus π definierbar sind. Wir betrachten diese Ebene nun als Körper $\mathbb{C}$ der komplexen Zahlen. Dann folgt aus der Invarianz von ρ_i unter Translationen, dass

$$x \rho_i y = z \quad .\equiv. \quad (x-y) \rho_i 0 = z-y .$$

Wir kürzen ab:

$$\sigma_i (x) := x \rho_i 0 .$$

Wegen der Invarianz von σ_i unter Drehstreckungen gilt für alle $c \in \mathbb{C}$

$$\sigma_i (x) = y \quad .\equiv. \quad \sigma_i (c \cdot x) = c \cdot y ,$$

also $\sigma_i (c \cdot x) = c \cdot \sigma_i (x)$ für alle $c \in \mathbb{C}$. Wenn wir also setzen $\sigma_i (1) = s_i$, so stellt sich σ_i als Multiplikation mit s_i heraus:

$$\sigma_i (x) = \sigma_i (x \cdot 1) = x \cdot \sigma_i (1) = s_i \cdot x .$$

Mit andern Worten: Für jede der Operationen ρ_i gibt es ein $s_i \in \mathbb{C}$ mit

$$x \rho_i y = s_i (x-y) + y .$$

Es sei nun A der Körper $\mathbb{Q}(s_1, s_2, \ldots, s_n)$, wo $\mathbb{Q}$ der Körper der (komplexen) rationalen Zahlen ist, und es sei B eine Hamel-Basis für $\mathbb{C}$ mit Koeffizienten in A derart, dass $1, c, d \in B$, c reell, d komplex. Es sei T die lineare Transformation von $\mathbb{C}$ auf sich definiert durch

$$T(c) = d ; \quad T(d) = c ; \quad T(b_i) = b_i ; \quad \text{für alle andern} \quad b_i \in B ;$$
$$T(\Sigma a_i b_i) = \Sigma a_i \cdot T(b_i) .$$

T erhält alle Operationen ρ_i :

$$T(x \rho_i y) = T(s_i \cdot (x-y) + y) = s_i (T(x) - T(y)) + T(y) = T(x) \rho_i T(y) .$$

Hingegen erhält T die Relation π nicht. Betrachten wir nämlich die Punkte $0, 1, d$ der komplexen Ebene und den (eindeutig bestimmten) Kreis durch $0, 1$ und d , dessen Zentrum u sei.

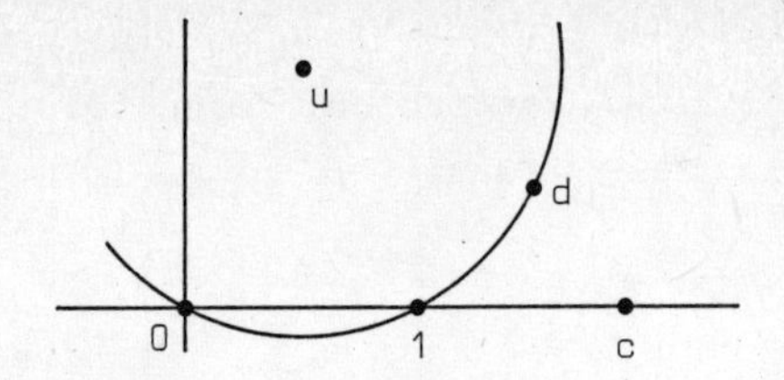

Wir bemerken $\pi 0ul \wedge \pi lud$. Hingegen gilt nicht $\pi T(0)T(u)T(l) \wedge \pi T(l)T(u)T(d)$, da dann nach Erklärung von T gelten würde $\pi 0T(u)l \wedge \pi 0T(u)c$. Letzteres bedeutete aber, dass $0,l,c$ auf einem Kreis mit Zentrum $T(u)$ liegen, was den Gegebenheiten widerspricht. □

Anders ist die Situation, wenn man statt Punkten nun Geraden als Grundelemente der Geometrie betrachtet:

> Satz:
>
> In der euklidischen Ebene lässt sich eine zweistellige Operation auf Geraden so definieren, dass auf ihr als einzigem Grundbegriff die elementare ebene euklidische Geometrie vollständig axiomatisiert werden kann.

Beweisskizze. Intuitiv betrachten wir Punkte als Paare von aufeinander senkrecht stehenden Geraden. Die versprochene zweistellige Operation auf Geraden ist die Spiegelung:

$$a \cdot b = c$$

soll bedeuten, dass c durch Spiegelung von b in a entsteht. Das Senkrechtstehen drückt sich aus durch

$$a \perp b \;:\equiv.\; a \cdot b = b \wedge a \neq b \;.$$

Punkte sind Geradenpaare (a,b) mit $a \perp b$; ein Punkt (a,b) liegt auf der Geraden c .

$$(a,b) \in c \;:\equiv\; a \cdot (b \cdot c) = c \;,$$

wie aus folgender Figur ersichtlich ist:

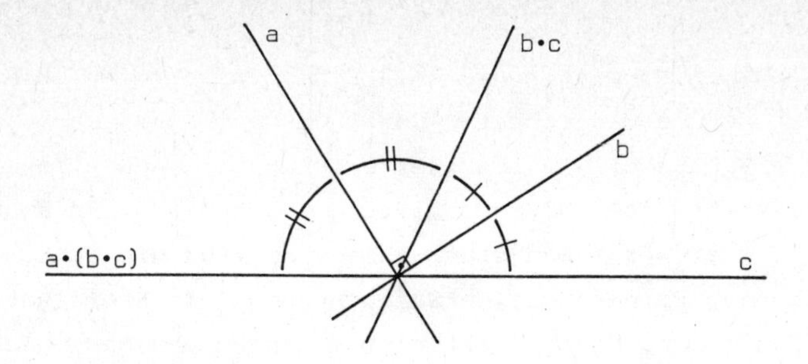

Zwei Punkte sind einander gleich:

$$(a,b) = (a',b') \;:\equiv\; \forall c(a \cdot (b \cdot c) = c \;\;.\!\equiv.\;\; a' \cdot (b' \cdot c) = c) \;.$$

Schliesslich kann die Pierische Relation π wie folgt beschrieben werden:

$$\pi(y_1,y_2)(x_1,x_2)(z_1,z_2) \;:\equiv\; \exists a \exists b \exists c[(x_1,x_2) \in a \wedge (y_1,y_2) \in a \wedge (x_1,x_2) \in b \wedge (z_1,z_2) \in b \wedge (x_1,x_2) \in c \wedge c \cdot a = b \wedge (c \cdot y_1, c \cdot y_2) = (z_1,z_2)] \;.$$

Dies wird aus der folgenden Skizze klar:

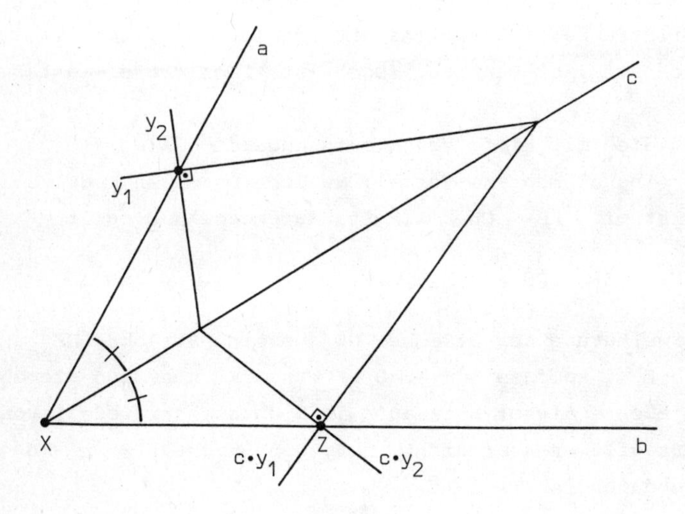

Die Operation $a \cdot b = c$ kann also zur Grundlegung der elementaren ebenen euklidischen Geometrie dienen. Eine explizite vollständige Axiomatisierung würde man erhalten durch getreuliches Umformulieren der Axiome I - $\overline{\underline{V}}_T$ auf dieses reduzierte Vokabular. - Wir haben dies nicht getan; es wäre ja wohl auch nicht das der Situation angemessene Vorgehen: Viel eher würde man statt dessen die für die Operation natürlich erscheinenden Forderungen, etwa auch durch ein Koordinatisierungsprogramm, aufaddieren. Hierbei befindet man sich durchaus nicht auf Neuland; es ergibt sich nämlich hier methodologisch ein Anschluss an eine alternative Begründung der Geometrie, nämlich der gruppentheoretischen (vgl. z.B. das Buch von F. Bachmann).

Die Beschränktheit der Sprache ist in der Elementargeometrie ebenso ein Phänomen wie in der elementaren Theorie der reellen Zahlen. So wird der Leser kaum mehr erwarten, dass für jeden geometrischen Begriff eine Formel der Sprache der elementaren Geometrie beigebracht werden kann. Ein hübsches Beispiel ist der Begriff der Kommensurabilität. Man nennt zwei Strecken AB und CD kommensurabel, in Zeichen $AB \sim CD$, falls AB in m, CD in n, alle zueinander kongruente Teilstrekken eingeteilt werden können. Die Masszahlen m und n geben das Mass der beiden Strecken in bezug auf das gemeinsame Mass, eben die bewusste Teilstrecke, an. Offensichtlich ist $AB \sim CD$ eine geometrische Relation auf vier Punkten. Doch ist sie nicht elementar.

Wir beweisen dies mit Hilfe von Nichtstandardmodellen wie folgt. Sei $K(A,B,C,D)$ eine elementare Formel, welche in allen Modellen von Γ äquivalent ist mit $AB \sim CD$. Im Standardmodell $\underline{E}$ gilt

$$\forall ABCDE \exists F.\ CDE \wedge DFE \wedge K(A,B,C,F)\ ,$$

d.h. jede Erweiterung der Strecke CD um eine Strecke DE enthält einen Punkt F, so dass $CF \sim AB$. Wäre K nun eine elementare Formel, so müsste dieser Satz auch im Nichtstandardmodell von Γ gelten. Dort gilt er aber nicht, z.B. dann nicht, wenn AB endlich und CD unendlich ist.

Selbstverständlich kann die Sprache der Geometrie ebenso bereichert werden, wie wir in Kapitel I die Sprache der reellen Zahlen erweitert haben. Wir wollen dies hier nicht ausführen (siehe aber z.B. die zitierte Arbeit von Tarski).

Literaturhinweise zu Kapitel II, §3:

Beth, E. & Tarski, A.: "Equilaterality as the Only Primitive Notion of Euclidean Geometry", Proceedings of the Koninklijke Nederlandse Akademie van Wetenschappen, Series A, Band 59, S. 462-467, (1956).

Scott, D.: "A Symmetric Primitive Notion for Euclidean Geometry", Proceedings of the Koninklijke Nederlandse Akademie van Wetenschappen, Series A, Band 59, S. 456-461, (1956).

Bernays, P.: "Die Mannigfaltigkeit der Direktiven für die Gestaltung geometrischer Axiomensysteme", in: Henkin, Suppes & Tarski: "The Axiomatic Method", S. 1-15, Amsterdam, North-Holland, 1959.

Tarski, A.: "What is Elementary Geometry?", in: Henkin, Suppes & Tarski: "The Axiomatic Method", S. 16-29, Amsterdam, North-Holland, 1959.

Scott, D.: "Dimension in Elementary Euclidean Geometry", in: Henkin, Suppes & Tarski: "The Axiomatic Method", S. 53-67, Amsterdam, North-Holland, 1959.

Robinson, R.: "Binary Relations as Primitive Notions in Elementary Geometry", in: Henkin, Suppes & Tarski: "The Axiomatic Method", S. 68-85, Amsterdam, North-Holland, 1959.

Royden, H.L.: "Remarks on Primitive Notions for Elementary Euclidean and Non-Euclidean Plane Geometry", in: Henkin, Suppes & Tarski: "The Axiomatic Method", S. 86-96, Amsterdam, North-Holland, 1959.

Schwabhäuser, W. & Szczerba, L.W.: "Relations on Lines as Primitive Notions for Euclidean Geometry", Fundamenta Mathematicae, Band 82, S. 347-355, (1975).

Henkin, L.: "Symmetric Euclidean Relations", Proceedings of the Koninklijke Nederlandse Akademie van Wetenschappen, Series A, Band 65, S. 549-553, (1962).

Pieri, M.: "La geometria elementare istituita sulle nozioni di 'punto' e 'sfera'", Memorie di Matematica e di Fisica della Società Italiane delle Scienze, ser. 3, Band 15, S. 345-450, (1908).

Bachmann, F.: "Aufbau der Geometrie aus dem Spiegelungsbegriff", Berlin, Springer-Verlag, 1959.

§4 Geometrische Konstruktionen

Die traditionelle Darstellung der Theorie der geometrischen Konstruktionen geht aus von verschiedenen Aufzählungen von sogenannten Konstruktionsmitteln, Lineal, Zirkel, Stechzirkel, Einschieblineal, gegebene Kurve und dergleichen, und zielt darauf ab, Sätze über Möglichkeiten und Grenzen der Verwendung dieser Hilfsmittel aufzustellen. Wohl am bekanntesten sind Sätze von der Art der Unmöglichkeitssätze (Winkeldreiteilung, Würfelverdoppelung usw.) und solche über gegenseitige Ersetzbarkeit oder Entbehrlichkeit von Konstruktionsmitteln (Konstruktionen mit dem Zirkel allein), wobei die ersteren vor allem algebraische Methoden (Galois-Theorie), letztere geistvolle geometrische Konstruktionen verwenden. Die Darstellung der Theorie der geometrischen Konstruktionen in Algebrabüchern ist durchaus genügend für die algebraischen Absichten, hingegen müssen für grundlegende Untersuchungen doch die Grundbegriffe verschärft werden. Dazu kann heute der Begriffskreis höherer Programmiersprachen - den ich hier voraussetzen darf - wertvolle Dienste leisten.

Die konstruktiven Grundoperationen stellen sich in Programmiersprachen als <u>Zuweisungen</u> dar; z.B. werden wir verwenden

$\ell := L(P,Q)$.

Diese Zuweisung nimmt zwei mit P und Q bezeichnete Punkte, konstruiert die sie verbindende Gerade und bezeichnet diese mit ℓ . Zu den Zuweisungen gesellen sich die <u>Entscheidungsoperationen,</u> welche für gegebene Werte von Variablen einen Wahrheitswert bestimmen (z.B. die Entscheidung, ob PQR zutreffe oder nicht); diese gehen in "strukturierte" Programmiersprachen ein in Kontexten

<u>if</u> PQR <u>then</u> ... <u>else</u> ... ;
<u>while</u> $\neg$PQR <u>do</u> ... .

Entscheidungsoperationen werden übrigens in vielen, besonders in algebraischen Darstellungen der Theorie glatt vergessen! Wenn wir nun also eine PASCAL-ähnliche Programmiersprache voraussetzen, so genügt zur Definition der Klasse der durch Algorithmen konstruierbaren Entitäten die Angabe eines Satzes von Konstruktionsmitteln durch Aufzählung der Liste der verwendbaren Variablen, Konstanten, Zuweisungen und Entscheidungsoperationen. - Wohl die einfachste solche Aufzählung ist diejenige, welche das Konstruieren "mit dem Lineal allein" beschreibt:

Affine Konstruktionen ("Lineal allein")

Variablen:

P, Q, R, ...	Punkte
ℓ, m, n, ...	Geraden

Konstanten:

O, E, E'	Achsendreieck

Zuweisungen:

Q := P(g,h)	Schnittpunkt von g und h , falls $g \nparallel h$
ℓ := L(P,Q)	Verbindungsgerade von P und Q , falls $P \neq Q$
ℓ := L(P,g)	Parallele zu g durch P , falls $P \notin g$

Entscheidungsoperationen:

P = Q, g = h	Gleichheit
$g \parallel h$	Parallelität
$P \in g$	Inzidenz

Diese Konstruktionsmittel gestatten uns, ausgehend von gewissen Anfangs-"Figuren", d.h. Zuordnungen von Geraden und Punkten zu gewissen Variablen, andere Figuren zu konstruieren. Z.B. genügen sie, die geometrischen Additionen und Multiplikationen von §2 zu realisieren. Das entsprechende Programm sieht wie folgt aus (für Addition):

```
begin if A = 0 then G := B else
   begin g  := L(0,E);
         g' := L(0,E');
         g" := L(E',g);
         h  := L(E',A);
         if B = 0 then G := A else
            begin j := L(B,g');
                  F := P(j,g");
                  k := L(F,h);
                  G := P(k,g)
            end;
   end;
end.
```

Aus der Programmierbarkeit der Körperoperationen folgt: Die Menge der Koordinatenwerte der konstruierbaren Punkte der euklidischen Ebene bilden stets einen Körper, welcher den Körper $\mathbb{Q}$ der rationalen Zahlen umfasst. Sind lediglich die obigen Konstruktionsmittel erlaubt, so ist dieser Körper genau $\mathbb{Q}$ (denn die Koordinaten von Schnittpunkten von Geraden mit rationalen Koordinaten sind wieder rational, etc.); ist eine Anfangsfigur gegeben, so ist der Körper derjenige, welcher aus $\mathbb{Q}$ durch Adjunktion der Koordinaten der Elemente der Ausgangsfigur entsteht. Also:

SATZ 1a. Ein Punkt P oder eine Gerade g ist aus einer Anfangsfigur genau dann durch das Lineal allein konstruierbar, wenn deren Koordinaten dem durch die Koordinaten der Anfangsfigur erweiterten Körper der rationalen Zahlen angehören.

Dieser algebraischen Charakterisierung wollen wir eine mehr axiomatisch ausgerichtete gegenüberstellen und fragen: Was ist der Zusammenhang zwischen der Beweisbarkeit der Existenz eines Punktes oder einer Geraden und der Konstruierbarkeit? Sicherlich sind alle in den Existenzaussagen der Axiome I, D, P und IV* geforderten Punkte und Geraden konstruierbar; diese Aussage lässt sich - durch Induktion nach der Länge der Beweise - auf alle aus diesen Axiomen beweisbaren Sätze der Form

$\exists P A(P)$, $\exists g B(g)$,

für quantorenfreie A(.) und B(.) , erweitern. Umgekehrt entspricht jeder Konstruktionsschritt einer aus I, D, P, IV* beweisbaren Existenzaussage der obigen Form, und wir haben:

SATZ 1b. Eine Formel der Form $\exists P A(P)$ oder $\exists g B(g)$ mit quantorenfreiem A(.) , B(.) ist aus I, D, P, IV* genau dann beweisbar, wenn ein die Formel erfüllender Punkt, resp. Gerade mit dem Lineal allein konstruierbar ist.

Der eben bewiesene Satz wirft die naheliegende Frage auf, welches die Konstruktionsmittel seien, die in diesem Sinne dem Axiomensystem I, II, III, IV* entsprechen. Man findet sie durch Ueberprüfen der Existenzforderungen in den Axiomen und findet, mit Hilbert, die Konstruktionen mit Lineal und Eichmass.

Pythagoräische Konstruktionen ("Lineal und Eichmass")

Zu den affinen Konstruktionsmitteln kommen dazu:

$P := E(A,B;C,D)$	für $A \neq B$ und $C \neq D$ ist P der auf CD liegende Punkt mit $CDP \wedge AB \approx DP$
PQR	Entscheidung des Zwischenliegens

Die Sätze 1a und 1b können wiederum bewiesen werden; statt dem Körper der rationalen Zahlen erscheint in den entsprechenden Sätzen der Begriff des pythagoräisch geordneten Körpers, also eines geordneten Körpers, welcher mit a und b stets auch $\sqrt{a^2+b^2}$ enthält. Die Beweise stehen im wesentlichen in §36 und §37 des Hilbertschen Büchleins.

SATZ 2a. Ein Punkt oder eine Gerade ist aus einer Anfangsfigur genau dann mit Lineal und Eichmass konstruierbar, wenn deren Koordinaten dem durch die Koordinaten der Anfangsfigur erweiterten pythagoräisch geordneten Körper über den rationalen Zahlen angehört.

SATZ 2b. Eine Formel der Form $\exists P A(P)$ oder $\exists g B(g)$ mit quantorenfreiem $A(.)$, $B(.)$ ist aus I, II, III, IV* genau dann beweisbar, wenn ein die Formel erfüllender Punkt, resp. Gerade mit Lineal und Eichmass konstruierbar ist.

Die klassischen oder "platonischen" Konstruktionsmittel Zirkel und Lineal entsprechen einer etwas anderen Erweiterung der affinen Konstruktionsmittel.

Euklidische Konstruktionen ("Zirkel und Lineal")

Zu den affinen Konstruktionsmitteln kommen dazu:

$P \in \langle Z;A,B \rangle$	P liegt im Innern des Kreises um Z mit Radius $\overline{AB}$, für $A \neq B$
$P_1, P_2 := P(Z;A,B;C,D)$	falls $C \in \langle Z;A,B \rangle$ und $C \neq D$, so sind P_1, P_2 die zwei Schnittpunkte der Geraden CD mit dem Kreis $\langle Z;A,B \rangle$

Zur Formulierung der entsprechenden Sätze 3a und 3b brauchen wir zwei Begriffe. Erstens, ein euklidisch geordneter Körper ist ein geordneter Körper, der zu jedem positiven Element a die Quadratwurzel $\sqrt{a}$ enthält. Mit Zirkel und Lineal lässt sich die Quadratwurzel offenbar konstruieren; es handelt sich um die bekannte Konstruktion der mittleren Proportionalen

$$a : x = x : 1 ,$$

welche aus bekannten Beziehungen am rechtwinkligen Dreieck folgt:

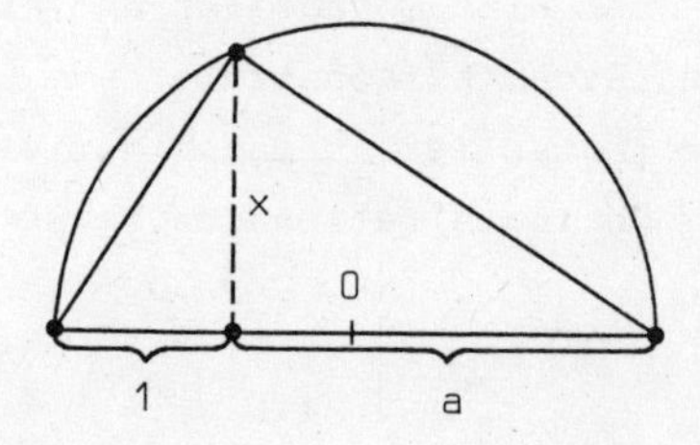

Zweitens, das Kreisschnittaxiom K, welches besagt, dass eine Gerade durch einen im Innern eines Kreises gelegenen Punkt mit diesem stets einen Schnittpunkt habe (sie hat dann zwei).

SATZ 3a. Ein Punkt oder eine Gerade ist aus einer Anfangsfigur genau dann mit Zirkel und Lineal konstruierbar, wenn deren Koordinaten dem durch die Koordinaten der Anfangsfigur erweiterten euklidisch geordneten Körper über den rationalen Zahlen angehört.

SATZ 3b. Eine Formel der Form $\exists P A(P)$ oder $\exists g B(g)$ mit quantorenfreiem $A(.)$, $B(.)$ ist aus I, II, III, IV* und K genau dann beweisbar, wenn ein die Formel erfüllender Punkt, resp. Gerade mit Lineal und Zirkel konstruierbar ist.

Nach dem vorher Gesagten können wir uns die Details der Beweise ersparen. - Es ist interessant zu bemerken, dass vom Vollständigkeitsaxiom $\overline{\underline{V}}$ (d.h. $\overline{\underline{V}}_T$) nur ein Spezialfall hier mit einbezogen ist, eben das Kreisschnittaxiom K.

Dass K wirklich eine zusätzliche Forderung ist, ergibt sich leicht aus der Existenz euklidischer aber nicht pythagoräischer Körper: $\sqrt{2 \cdot \sqrt{2} - 2}$ ist im pythagoräischen Körper über $\mathbb{Q}$ nicht enthalten, wohl aber im euklidischen Körper über $\mathbb{Q}$.

Ueberhaupt ist die Rolle des Vollständigkeitsaxioms $\overline{\underline{V}}$, insbesondere das aus ihm folgende Archimedische Axiom, von besonderer Bedeutung in der Theorie der geometrischen Konstruktionen. Zum Beispiel könnte man versuchen, die von Kürschak (siehe Hilbert §36) vorgeschlagenen Konstruktionen mit Lineal und Einheitsmass mit den pythagoräischen Konstruktionen zu vergleichen.

Lineal und Einheitsmass

Variablen:

P, Q, R, ... Punkte

Konstanten:

O, E, E', ... Achsendreieck

Entscheidungsoperationen:

A = B :	Gleichheit
ABCD :	Gilt genau dann, wenn $A \neq B$ und $C \neq D$ und der Schnittpunkt P der Geraden AB und CD entweder A,B,C oder D ist, oder so liegt, dass APB oder CPD ; oder dann, wenn $A \neq B$, $C = D$ und ACB .

Zuweisungen:

P := U(A,B):	Für $A \neq B$ ist P der auf AB liegende Punkt mit $ABP \wedge BP \approx 0E$.
P := I(A,B;C,D):	Falls ABCD und $C \neq D$, so ist P der Schnittpunkt von AB und CD .

Diese Hilfsmittel können wahrscheinlich nicht mehr wesentlich reduziert werden, dienen aber - wie man sich überzeugt - zur Konstruktion aller mittels Lineal und Eichmass lösbaren Aufgaben. Wir haben eine solche Konstruktion besonders hervor, die Konstruktion des Schnittpunktes der durch die Paare A,B und C,D gegebenen Geraden:

```
begin
   while ¬ABCD do
      begin D := U(C,D); C := U(D,C) end;
   P := I(A,B;C,D)
end.
```

Wir haben diese Konstruktionsmittel darum so detailliert aufgeführt, weil sie eben doch nicht das gerade Versprochene leisten: Obwohl alle Elementaraufgaben der Lineal- und Eichmasskonstruktionen aufgeführt werden können, ist bei ihrer Ausführbarkeit eine stillschweigende Voraussetzung gemacht worden, die über den Rahmen der Axiome I - IV*, ja selbst über den Rahmen von I - $\underline{\overline{V}}_T$ hinausgeht. Nämlich: Das Programm für die allgemeine Schnittpunktbestimmung braucht nicht in allen Modellen von I - $\underline{\overline{V}}_T$ einen Schnittpunkt zu liefern! Man betrachte nämlich ein <u>Nichtstandardmodell</u> von I - $\underline{\overline{V}}_T$ mit infinitesimalen Elementen und darin zwei sich schneidende Geraden, die aber einen infinitesimalen Winkel bilden. Dann wird das im Programm verwendete archimedische Prinzip des wiederholten Antragens der Einheitsstrecke es nicht fertig bringen, die Situation ABCD zu erzeugen; der Schnittpunkt, obwohl existent, ist nicht konstruierbar.

Als letztes betrachten wir Konstruktionsmittel, welche der in §3 besprochenen Geometrie entsprechen, die auf dem Geradenbegriff und einer zweistelligen Operation allein basiert.

<u>Pythagoräische Konstruktionen</u> ("Papierfalten")

<u>Variablen:</u>

ℓ, m, n, g, h, ...	Geraden

<u>Konstanten:</u>

x, y, u	die Geraden 0E , 0E' und EE'

<u>Zuweisungen:</u>

$\ell := \perp(g,h)$:	für $g \nparallel h$ die Orthogonale zu g durch den Schnittpunkt
$\ell_1, \ell_2 := L(g,h)$:	falls $g \nparallel h$ die Winkelhalbierenden, falls $g \parallel h$ die Mittelparallele
$\ell := L(g_1,g_2;h_1,h_2)$:	falls $g_1 \nparallel g_2$ und $h_1 \nparallel h_2$ die Verbindungsgerade der Schnittpunkte, falls verschieden

<u>Entscheidungsoperationen:</u>

g = h :	Gleichheit
$(a_1,a_2)(b_1,b_2)(c_1,c_2)$:	a_1 und a_2 schneiden sich in A , b_1 und b_2 in B , c_1 und c_2 in C , und es gilt ABC .

Man denke sich Geraden als Falze auf einem Stück Papier gegeben und überzeuge sich, dass die Grundkonstruktionen wirklich mit Papierfalten, d.h. Aufeinanderfalten von Falzen ausführbar sind!

<u>SATZ.</u> Mit Papierfalten kann man genau dieselben Konstruktionen erledigen, die mit Lineal und Eichmass möglich sind.

Beweis. Wir müssen zeigen, wie die Grundkonstruktionen der beiden Konstruktionsgeometrien in der euklidischen Ebene durcheinander ersetzt werden können.

(a) Simulation der Lineal- und Eichmasskonstruktionen

1) $\ell := L(P,g)$, wo P Schnittpunkt von p_1, p_2 und $p \notin g$. Wir verwenden die harmonische Lage der Punkte A,B,C,"∞" :

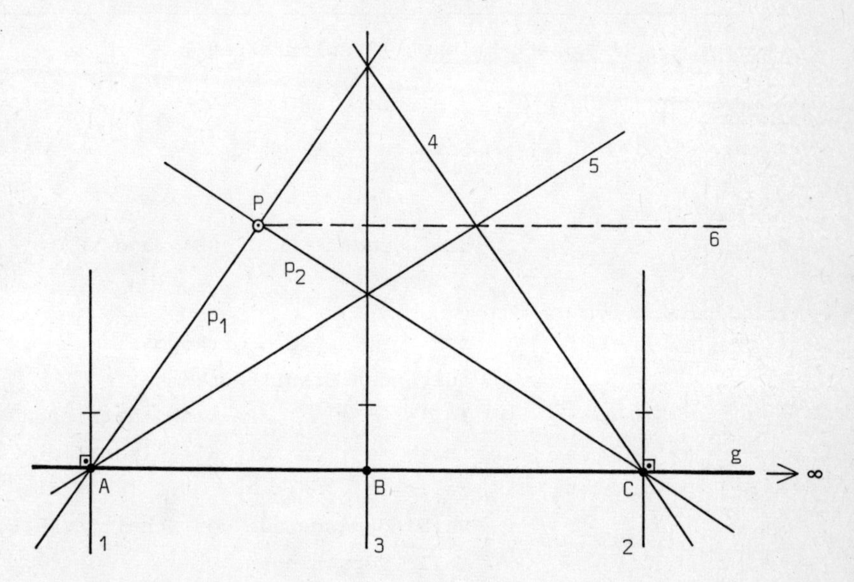

Die Reihenfolge der Konstruktion ist durch Numerierung der Geraden angedeutet.

2) $P := E(A,B;C,D)$

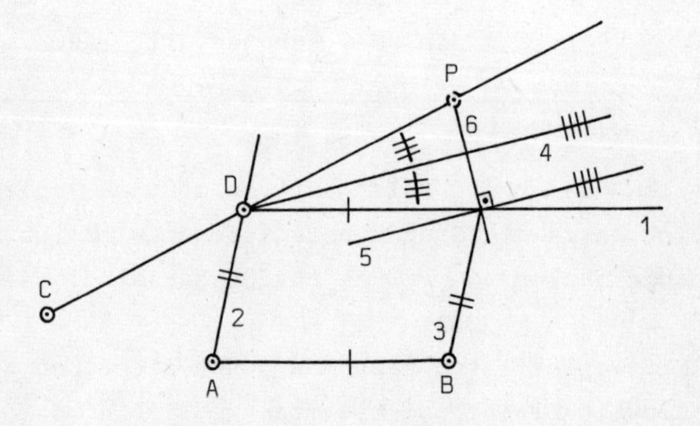

3) $P \in h$, wo P Schnittpunkt von p_1,p_2 gilt, genau dann, wenn $\perp(h,p_1) = \perp(h,p_2)$.

4) $P = Q$, wo P Schnittpunkt von p_1,p_2 und Q Schnittpunkt von q_1,q_2 gilt, genau dann, wenn $P \in q_1$ und $P \in q_2$.

5) $g \parallel h$ gilt für $g \neq h$ genau dann, wenn $\perp(h,x) = \perp(g,\perp(h,x))$.

6) Falls A,B,C Schnittpunkte sind respektive von a_1,a_2 ; b_1,b_2 ; c_1,c_2 , so gilt ABC genau dann, wenn $E(A,B;C,B) = A \wedge E(C,B;A,B) = C$, wo E ja schon oben konstruiert ist.

(b) Simulation der Papierfaltkonstruktionen

1) x,y,u werden mit $L(0,E)$, $L(0,E')$, $L(E,E')$ erzeugt.

2) $\ell := \perp(g,h)$. Hierzu verwenden wir den Satz vom Höhenschnittpunkt.

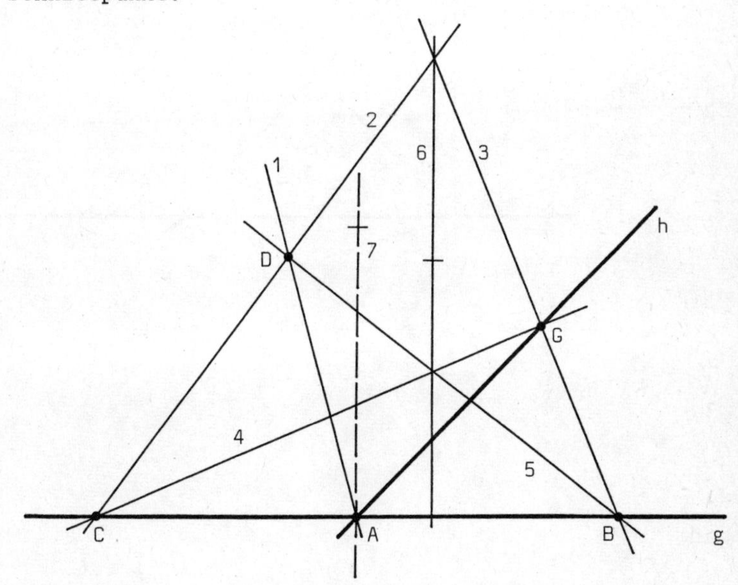

Die Gerade l durch A wird durch $0,E$ oder E' so gelegt, dass sie verschieden ist von g und h . Der Rest der Konstruktion ist durch Numerierung angedeutet, die Strecken AB, AC, AD und AG sind kongruent zu $\underline{0E}$.

3) $\ell := L(g,h)$.

Erster Fall: $g \nparallel h$:

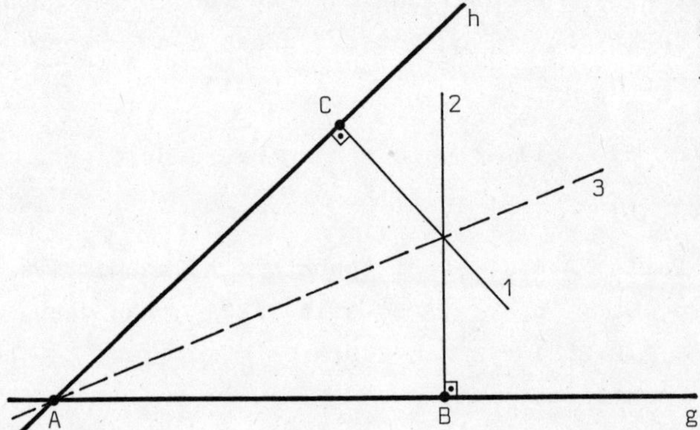

Die Strecken AB und AC sind kongruent zu 0E .

Zweiter Fall: $g \parallel h$:

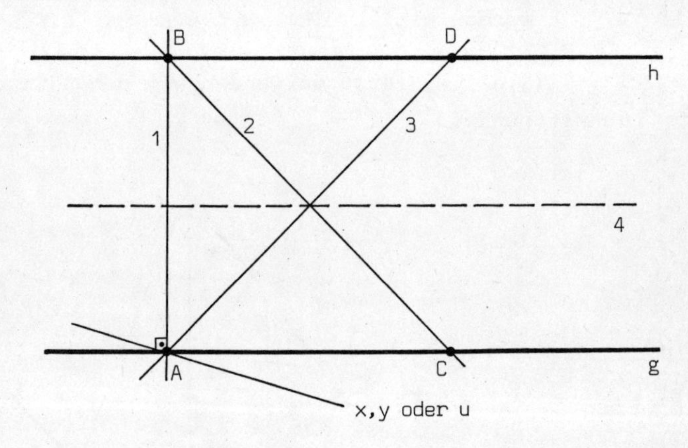

Die Strecken AB, BD und AC sind zueinander kongruent.

Literaturhinweise zu Kapitel II, §4:

Engeler, E.: "Remarks on the Theory of Geometrical Constructions", in: C. Karp: "The Syntax and Semantics of Infinitary Languages", S. 64-76, Lecture Notes in Mathematics, No. 72, Berlin, Springer-Verlag, 1967.

Engeler, E.: "On the Solvability of Algorithmic Problems", Rose & Shepherdson: "Logic Colloquium'73", S. 231-251, Amsterdam, North-Holland, 1975.

Schreiber, P.: "Theorie der geometrischen Konstruktionen", Berlin, Verlag VEB, 1975.

Seeland, H.: "Algorithmische Theorien und konstruktive Geometrie", Stuttgart, Hochschul-Verlag, 1978.

Kapitel III. Algorithmik

Es ist so Sitte, dass ein Autor im letzten Kapitel etwas seinem Hobby fröhnen kann. Das werde ich auch tun; aber da es nur das dritte Kapitel in einem dünnen Buch ist, braucht es wohl noch etwas mehr an Begründung.

Von Algorithmen haben wir schon verschiedentlich gesprochen; einmal in der Einleitung, als wir der klassischen Mathematik eine konstruktivistische entgegenhielten; dann wieder im Zusammenhang mit Entscheidungsverfahren in der elementaren Theorie der reellen Zahlen und schliesslich gerade eben erst in der Form geometrischer Konstruktionen. Die Möglichkeiten und Grenzen von effektiven Verfahren, eben Algorithmen, in der Mathematik bilden ebenso einen fundamentalen Fragenkomplex wie die Frage nach den Möglichkeiten und Grenzen der axiomatischen Beschreibungen mathematischer Grundstrukturen. Wieder ist unser Zugang ein metatheoretischer. Es wird versucht, von Algorithmen im gleichen Sinne als von Objekten zu sprechen wie vorher von reellen Zahlen oder von geometrischen Objekten wie Punkte und Geraden: Wieder werden grundlegende Beziehungen zwischen solchen Objekten als Sprachelemente eingeführt. Aus diesen Elementen aufgebaute Sprachen, schliesslich, stehen uns dann als Ausdrucksmittel zur Verfügung zu axiomatischen Untersuchungen, analog zu denen in den vorhergehenden Kapiteln, aber auch zu einer alternativen Begündung der Theorie der Berechenbarkeit als einer Theorie des formalen Operierens auf Rechenoperationen.

§1 Was ist eine Rechenvorschrift?

Am Anfang der Algorithmik steht der Funktionsbegriff, genauer, der Begriff der berechenbaren Funktionen.

Natürlich kann man, wie bekannt, den Funktionsbegriff auf den Mengenbegriff zurückführen: Eine Funktion von A nach B ist eine Teilmenge $F \subseteq A \times B$ mit der Eigenschaft, dass

$$\forall x \in A \exists y! \in B . \langle x,y \rangle \in F .$$

Gemäss dieser relationalen Definition liegt die Funktion als Ganzes, in voller Extension vor uns ausgebreitet. Diese idealisierende mengentheoretische Auffassung wird aber doch nicht ganz derjenigen Praxis des Funktionsbegriffes gerecht, welche die Berechnung an den Beginn stellt: Eine Funktion ist eine Rechenvorschrift, welche angewandt auf ein Argument einen wohlbestimmten Wert liefert. In der Schulpraxis nehmen diese Rechenvorschriften meist die Gestalt einer Formel, genauer, eines Funktionsausdruckes an, etwa

$$(x+2) \cdot (x-2)$$

oder

$$(x^2 - 4) .$$

Auf $\mathbb{Q}$ liefern diese beiden Rechenvorschriften f_1 und f_2 denselben Wert; f_1 angewandt auf $x \in \mathbb{Q}$ ist stets dasselbe wie f_2 angewandt auf x . Wenn wir schreiben

$$f * x$$

für "f angewandt auf x" , so ist also $f_1 \neq f_2$, obwohl $f_1 * x = f_2 * x$ für beliebige x . Die beiden Rechenvorschriften unterscheiden sich nicht nur äusserlich, sondern auch in so wichtigen Aspekten wie z.B. der Komplexität: f_1 braucht mehr Rechenschritte als f_2 . Bei Rechenvorschriften ist also nicht die Extension, der Wertverlauf der Funktion, Gegenstand unseres Interesses, sondern vielmehr die Intension. Der Sinn etwa eines Funktionsausdrucks in der Algorithmik besteht in seinem Wesen als Vorschrift zur Ausführung einer (Folge von) Rechenoperation(en).

Unser Ziel ist, die Algorithmik als die Theorie des Operierens mit und auf Rechenvorschriften zu begründen. Die im folgenden vorzunehmende axiomatische Grundlegung der Algorithmik ist am besten zu vergleichen mit der Axiomatisierung der Gruppentheorie: In der Mathematik treffen wir immer wieder, und recht verschiedenartige, Bereiche von Dingen, die eine Gruppe bilden. Ebenso treffen wir offensichtlich viele in sich geschlossene Bereiche von Rechenvorschriften, wie etwa geometrische Konstruktionen, diverse Programmiersprachen, Vorschriften über das formale Operieren mit algebraischen oder logischen Ausdrücken etc. Wo die Gruppentheorie mit dem Begriff der Verknüpfung von Gruppenelementen arbeitet, ist in der axiomatischen Algorithmik die grundlegende Operation die der Anwendung, $f * a$. Die Theorie soll vor allem die Gemeinsamkeiten solcher Bereiche von Rechenvorschriften herausstellen; diese werden in den nachfolgenden Ueberlegungen dem Leser nahegeführt.

Am Anfang also steht der Funktionsbegriff, als Rechenvorschrift verstanden. Offensichtlich können auch Rechenvorschriften als Argumente von Rechenvorschriften auftreten oder von solchen in andere umgewandelt werden. Und nun machen wir den grossen Sprung ins Ungewisse: Rechenvorschriften denken wir uns in einem einzigen, ungeschichteten, Bereich zusammengefasst. Dieser Standpunkt ist verschieden von dem etwa der Analysis, wo wir Funktionen von $\mathbb{R}$ nach $\mathbb{R}$ unterscheiden von Funktionalen von $\mathbb{R}^{\mathbb{R}}$ nach $\mathbb{R}$ und Funktionalen von höherem Typ, etwa von $\mathbb{R}^{\mathbb{R}}$ nach $\mathbb{R}^{\mathbb{R}}$ etc. Die vorgesehene Typenverschmelzung ist verwandt mit dem Standpunkt der Mengenlehre, die ebenfalls keine Niveauunterschiede zwischen Mengen macht.

In der Mengenlehre ist, wie erinnerlich, das geordnete Paar zweier Mengen x und y zu erklären als die Menge $\{\{x\},\{x,y\}\}$ und ist demnach Element der Potenzmenge der Potenzmenge derjenigen Menge, etwa $\mathbb{R}$, aus der x und y stammen. Durch den, extensionalen, Funktionsbegriff wird dann jede Funktion von $\mathbb{R}$ nach $\mathbb{R}$ wiederum zu einer Menge, einem Element der Potenzmenge der Menge der oben erklärten Paare. So sind reelle Zahlen, ebenso wie Funktionen und Funktionale, einfach gewisse Mengen. Auf die skizzierte Weise gelingt es der Mengenlehre, mit einem einzigen Grundbegriff, "x ist Element von y", die äusserst vielfältig strukturierte Gesamtheit mathematischer Begriffsbildungen nachzuvollziehen. Diese methodische Erfahrung soll sich nun nützlich machen in dem hier ins Auge gefasste Bereich von Objekten.

Die typenfreie Auffassung der Gesamtheit der Rechenvorschriften erlaubt Sparsamkeit mit den Grundbegriffen der Axiomatisierung, ganz ähnlich wie bei der axiomatischen Mengenlehre. So brauchen wir nicht zwischen einstelligen und mehrstelligen Rechenvorschriften zu unterscheiden: Eine Rechenvorschrift $F(x,y)$ mit zwei Parametern können wir auffassen als eine Rechenvorschrift f, welche, angewandt auf x, eine Rechenvorschrift $(f * x)$ erzeugt, welche auf y ausgewertet eben $F(x,y)$ ergibt. Diese Idee geht auf Frege zurück und ist zuerst von Schönfinkel systematisch verwendet worden; er illustriert die Idee mit Hilfe der Zahlenfunktion $x - y$ wie folgt: Betrachtet man den Ausdruck als Rechenvorschrift für y allein, so hat diese die Gestalt "bilde die Differenz des x mit der nachfolgenden Grösse"; wir schreiben für diese Rechenvorschrift $(x-)$. Die Rechenvorschrift f möge, angewandt auf x, dieses $(x-)$ ergeben. Dann ist offenbar

$$(f * x) * y = (x-) * y = x - y \; .$$

Ersichtlich lässt sich diese Idee auch auf mehrstellige Funktionen übertragen, also $F(x_1,x_2,\ldots x_n)$ sich auffassen als $((\ldots(f * x_1) * x_2)\ldots * x_n)$ für geeignetes f.

<u>Konvention.</u> Zur Vereinfachung der Schreibweise werden wir das Anwendungszeichen "*" oft weglassen und beim Setzen von Klammern uns die linksbündige Klammerung ersparen:

$$(fxyz) \text{ ist } (((f * x) * y) * z) \; .$$

Die Vorschrift "führe erst die Rechenvorschrift f und darnach auf das Resultat die Rechenvorschrift g aus" ist selbst eine Rechenvorschrift, die <u>Komposition,</u> welche aus f und g die Rechenvorschrift $(f \circ g)$ macht. Letztere operiert auf x wie folgt:

$$(f \circ g) * x = f * (g * x) \; .$$

Diese Art der Kombination von f und g ist unabhängig von den speziellen Eigenschaften der verwendeten Funktionen und Werte, sie ist selbst eine Rechenvorschrift und soll als solche selbst zum Objektbereich gehören. Mit andern Worten, wir müssen uns ein Objekt $\underset{\sim}{B}$ denken, welches die Gleichung

$$\underset{\sim}{B}fgx = fgx$$

erfüllt, und zwar für beliebige f,g und x . Der Ausdruck

$$\sin(a + \tan(b)) + \tan(\sin(a + b))$$

beinhaltet eine Rechenvorschrift F(sin,tan,+,a,b) , welche die Funktionen sin, tan und + sowie die Zahlwerte a,b in bestimmter Weise kombiniert. Die Art der Kombination ist wieder unabhängig von den speziellen Eigenschaften der verwendeten Funktionen und Werte; als Rechenvorschrift f soll sie selbst zum Objektbereich gehören. Machen wir uns diese Forderung klar. Der obige Ausdruck verwendet zwei einstellige Funktionszeichen sin, tan und ein zweistelliges Funktionszeichen + , welches wir nach obigem Verfahren durch ein einstelliges, ⊕ , ersetzen:

$$\oplus xy \text{ ist } x + y \text{ .}$$

Demnach ist der obige Ausdruck, zurückgeführt auf die Operation der Anwendung, zu schreiben als

$$\oplus(\sin(\oplus a(\tan b)))(\tan(\sin(\oplus ab))) \text{ ,}$$

und wir fordern die Existenz eines Objektes f mit

$$f \sin \tan \oplus ab = \oplus(\sin(\oplus a(\tan b)))(\tan(\sin(\oplus ab))) \text{ ,}$$

und überhaupt, für beliebige Objekte x,y,z,u,v,

$$fxyzuv = z(x(zu(yv)))(y(x(zuv))) \text{ .}$$

Damit bringen wir zum Ausdruck, dass die Art und Weise der Kombination von sin, tan etc. <u>an sich,</u> und nicht die Eigenschaften dieser Objekte in der Rechenvorschrift f zusammengefasst, reïfiziert, werden soll. Wir sagen auch "f entsteht durch funktionale Abstraktion".

Das Gemeinsame an diesen Beispielen ist folgendes: Es werden gewisse Objekte, Rechenvorschriften, als vorgelegt betrachtet. Diese werden allein mit Hilfe der Operation der Anwendung miteinander kombiniert,

$$f * (g * x) \text{ bzw. } z * (x * (z * u) * (y * v)) * (y * (x * ((z * u) * v))) \text{ .}$$

Und dann fordern wir die Existenz eines Objektes,

$\underset{\sim}{B}$ bzw. f ,

welches die Kombination der Rechenvorschriften durch funktionale Abstraktion selbst zu einer Rechenvorschrift vergegenständlicht.

Die allgemeine Durchführbarkeit dieser funktionalen Abstraktion soll nun als axiomatische Forderung an den Bereich der Objekte gestellt werden:

<u>Kombinatorische Algebren</u>

Sei $\underline{A} = \langle A, *, c_1, \ldots, c_m \rangle$ eine algebraische Struktur mit nichtleerer Grundmenge A , darin ausgezeichneten Elementen $c_1, c_2, \ldots, c_m$, $m \geq 0$, und einer zweistelligen Operation * . Sei $t(x_1, \ldots, x_n)$ ein Term in $\underline{A}$, d.h. es sei t aufgebaut aus Konstantensymbolen für die ausgezeichneten Elemente, den Variablen $x_1, \ldots, x_n$ mittels Klammern und Operationszeichen * . Ein Element f von A <u>repräsentiert</u> t in $\underline{A}$, wenn für jede Wahl von Elementen $a_1, \ldots, a_n$ in A gilt

$$f\, a_1 a_2 \ldots a_n = t(a_1, a_2, \ldots a_n) .$$

Die Algebra $\underline{A}$ ist <u>kombinatorisch vollständig,</u> falls jeder Term t in $\underline{A}$ repräsentiert werden kann; dann heisst $\underline{A}$ eine kombinatorische Algebra. Sie ist nicht trivial, wenn A mehr als ein Element besitzt.

Die Kombination, welche durch einen Term t gegeben ist, ist also in einer kombinatorischen Algebra jeweils durch (mindestens) ein Objekt repräsentiert. Gemäss ihrer Herkunft nennen wir solche Objekte <u>Kombinatoren.</u>

Schönfinkel (1924), und unabhängig von ihm Curry (1930), stellten sich die mathematisch reizvolle Frage, ob nicht alle Kombinatoren aus ein paar wenigen zusammengesetzt werden können. Dies gelingt in der Tat.

$\underset{\sim}{S}$ und $\underset{\sim}{K}$ genügen

Sei $\underline{A} = <A, *, c_1, \ldots, c_m>$ eine algebraische Struktur, in welcher es zwei Elemente $\underset{\sim}{S}$ und $\underset{\sim}{K}$ gibt, welche folgende Gleichungen identisch, d.h. für alle $x, y, z \in A$ erfüllen:

(S) $\underset{\sim}{S}xyz = xz(yz)$,

(K) $\underset{\sim}{K}xy = x$.

Dann ist $\underline{A}$ eine kombinatorische Algebra. (Umgekehrt gibt es in jeder kombinatorischen Algebra selbstverständlich immer Elemente $\underset{\sim}{S}$ und $\underset{\sim}{K}$, welche obige Gleichungen erfüllen.)

Der Beweis des oben formulierten Satzes besteht aus einer einfachen Induktion; wir führen ihn hier deshalb, weil aus ihm ersichtlich wird, dass die Herkunft der Kombinatoren $\underset{\sim}{S}$ und $\underset{\sim}{K}$ so rätselhaft nicht ist.

LEMMA. Für jedes n und jeden Term $t_n(x_1, \ldots, x_n)$ in $\underset{\sim}{S}$, $\underset{\sim}{K}$, $x_1, \ldots, x_n$ gibt es einen Term $t_{n-1}(x_1, \ldots, x_{n-1})$ in $\underset{\sim}{S}$, $\underset{\sim}{K}$, $x_1, \ldots, x_{n-1}$ so, dass

$$t_{n-1}(x_1, \ldots, x_n) * x_n = t_n(x_1, \ldots, x_n) .$$

Beweis. Falls t_n nur aus $\underset{\sim}{S}$ oder $\underset{\sim}{K}$ oder x_i, mit $i \neq n$, besteht, so nehmen wir $\underset{\sim}{K}t_n$ für t_{n-1} ; dann gilt $t_{n-1}x_n = (\underset{\sim}{K}t_n)x_n = t_n$. - Falls t_n zusammengesetzt ist, etwa $t_n = t'_n t''_n$, so wenden wir die Induktionsvoraussetzung an. Sei also $t'_n = t'_{n-1}x_n$ und $t''_n = t''_{n-1}x_n$. Nun nehmen wir $\underset{\sim}{S}t'_{n-1}t''_{n-1}$ für t_{n-1} und verifizieren:

$$t_{n-1}x_n = \underset{\sim}{S}t'_{n-1}t''_{n-1}x_n = t'_{n-1}x_n(t''_{n-1}x_n) = t'_n t''_n = t_n .$$

Es fehlt nur noch der Fall $t = x_n$. Dafür brauchen wir einen Kombinator $\underset{\sim}{I}$ mit

(I) $\underset{\sim}{I}x = x$.

Einen solchen kann man aber aus $\underset{\sim}{S}$ und $\underset{\sim}{K}$ in verschiedener Weise zusammensetzen, z.B. als $\underset{\sim}{S}\underset{\sim}{K}\underset{\sim}{K}$, (Boskowitz) oder $\underset{\sim}{S}\underset{\sim}{K}(\underset{\sim}{K}\underset{\sim}{K})$, (Bernays), wie man leicht verifiziert. □

Die kombinatorische Vollständigkeit folgt schliesslich durch wiederholte Anwendung des Lemmas:

$$t_n(x_1,\ldots,x_n) = t_{n-1}(x_1,\ldots,x_{n-1})x_n = t_{n-2}(x_1,\ldots,x_{n-2})x_{n-1}x_n =$$

$$\ldots = t_0 x_1 x_2 \ldots x_n \ .$$

Es mag den Leser reizen, die oben beispielsweise aufgeführten Kombinatoren mit Hilfe von $\underset{\sim}{S}$ und $\underset{\sim}{K}$ zusammenzusetzen. Etwa

$$\underset{\sim}{B} = \underset{\sim}{S}\,(\underset{\sim}{K}\,\underset{\sim}{S})\,\underset{\sim}{K}$$

Ebenso wie bei $\underset{\sim}{I}$ ergeben sich viele Varianten; auch ist es reizvoll, nach Algorithmen zu suchen, welche uns diese Aufgabe mechanisieren.

Literaturhinweise zu Kapitel III, §1:

Curry, H.B.: "Grundlagen der kombinatorischen Logik", Am. J. of Math. 52, S. 509-536, 789-834, (1930);
ausserdem die mit Koautoren verfassten Bücher "Combinatory Logic", Bde. I, II, Amsterdam, North-Holland, 1958, 1972.

Frege, G.: "Begriffschrift", Halle a.S., 1879, (vgl. bes. §9).
2. Auflage: Hildesheim, G. Olms Verlag, 1977.

Schönfinkel, M.: "Ueber die Bausteine der mathematischen Logik", Math. Annalen 92, S. 305-316, (1924);
in der Beifügung, durch H. Behmann am Schluss der Arbeit, befindet sich ein vom Verfasser nachträglich entdeckter Irrtum.

Quine, W.v.O.: "On the building blocks of mathematical logic" (= Kommentar zu einer Uebersetzung der obigen Arbeit von Schönfinkel), in: van Heijenoort, ed.: "From Frege to Gödel", Cambridge, Mass., Harvard University Press, 1967.

§2 Die Existenz kombinatorischer Algebren: kombinatorische Logik

Sollte der Leser versucht haben, sich ein handliches Beispiel einer kombinatorischen Algebra zu verschaffen, so wird er mir nach einiger Zeit beipflichten, dass mit dem Verzicht auf Typenunterscheidungen auch ein gut Teil mathematischer Intuition entschwunden ist. In der Tat ist in diesem Zusammenhang der Schritt vom Möglichen zum Widerspruchsvollen von verschiedenen Mathematikern gemacht worden. In der ursprünglichen Absicht der Begründer (Schönfinkel, Curry und Church) lag nicht nur eine Axiomatisierung des Anwendungsbegriffes für allgemeine Funktionen, sondern eine funktionale Begründung der gesamten Logik und Mathematik überhaupt. Insbesondere Curry und Church haben ursprünglich Systeme aufgestellt, die mit durchaus vernünftig scheinenden Zusätzen zur kombinatorischen Algebra auch logische Gesetze und Teile der Mathematik miteinbezogen. Diese erweiterten Systeme stellten sich dann als widerspruchsvoll heraus (Kleene & Rosser 1935). Curry meint, dies liege in der Natur der Sache; er vergleicht die Ansätze mit dem System von Frege und weist darauf hin, dass "wir von Gegenständen so grosser Allgemeinheit handeln, dass uns die Intuition darüber abgeht. Wir erforschen ein Niemandsland zwischen dem, was gesichert, und dem, was als widersprüchlich bekannt ist".

Die zentrale Frage nach der Existenz nichttrivialer kombinatorischer Algebren kann unter verschiedenen Gesichtspunkten angegangen werden. Der historisch erste Zugang ist der <u>beweistheoretische.</u> Ihn verfolgen sowohl Church wie Curry unter dem Eindruck und nach dem Denkmuster des Hilbertschen Programms (für den Widerspruchsfreiheitsbeweis der Zahlentheorie und der Analysis). Diesen Zugang wollen wir zunächst schildern und uns daraufhin dem zweiten, dem <u>algebraischen,</u> zuwenden.

Der beweistheoretische Zugang betrachtet die mathematische Theorie kombinatorischer Algebren als eine formal-deduktive Disziplin. Als solche geht sie aus von einem System von Axiomen und Schlussregeln, und die Frage nach der Existenz solcher Algebren wird ersetzt durch die Frage nach der Widerspruchsfreiheit des formalen Systems; die kombinatorische Algebra wird zur kombinatorischen Logik.

Kombinatorische Logik

Intendierte Struktur:

$\underline{A} = \langle A, *, \underset{\sim}{S}, \underset{\sim}{K} \rangle$

Sprache:

Terme, aufgebaut aus den atomischen Termen, d.h. aus Variablen x,y,z... und Konstanten $\underset{\sim}{S}$, $\underset{\sim}{K}$, mit Hilfe der zweistelligen Operation * .

Formeln: Gleichungen zwischen Termen.

Axiome:

$t = t$ für atomische Terme,

$\underset{\sim}{S} t_1 t_2 t_3 = t_1 t_3 (t_2 t_3)$, $\underset{\sim}{K} t_1 t_2 = t_1$ für beliebige Terme t_1, t_2, t_3.

Schlussregeln:

$$\frac{t_1 = t_2}{t_1 t_3 = t_2 t_3} \qquad \frac{t_1 = t_2}{t_3 t_1 = t_3 t_2} \qquad \frac{t_1 = t_2}{t_2 = t_1}$$

$$\frac{t_1 = t_2 \quad t_2 = t_3}{t_1 = t_3}$$

Beweisbarkeit:

Eine Folge $\alpha_1, \alpha_2, \alpha_3, \ldots, \alpha_n$ von Gleichungen heisst ein Beweis, falls für jedes $i = 1,2,\ldots,n$ gilt: entweder ist α_i ein Axiom, oder es gibt $j,k < i$ derart, dass α_i aus α_j und α_k mittels einer der Schlussregeln folgt. Die Gleichung α_n heisst dann beweisbar.

Da ersichtlich die Sprache der kombinatorischen Logik eine drastisch eingeschränkte ist, gibt es in ihr nicht den üblichen Begriff der logischen Widersprüchlichkeit, also der Herleitbarkeit sowohl einer Aussage A als auch ihrer Negation $\neg A$. Allerdings lässt sich in der üblichen Logik aus A und $\neg A$ schlechthin jede Formel herleiten. Wir wollen dieses Faktum zur Definition erheben und verallgemeinernd sagen, dass ein logisches System widersprüchlich ist, wenn in ihm alle Formeln der Sprache hergeleitet werden können. Die kombinatorische Logik ist demnach als widerspruchsfrei erwiesen, wenn wir zeigen können, dass es keine Folge $\alpha_1, \alpha_2, \ldots, \alpha_n$ gibt, welche einen Beweis darstellt und wo α_n die Gleichung, sagen wir, $\underset{\sim}{K} = \underset{\sim}{S}$ ist.

Das Bedeutende am beweistheoretischen Zugang ist gerade, dass er uns vom Inhaltlichen der Existenzfrage befreit. Wir stellen eine rein formale, d.h. auf endliche Gesamtheiten von Formeln bezogene Frage: Gibt es eine Folge von α's mit der und der Eigenschaft? Und zur Beantwortung dieser Frage genügen, in diesem Falle, einfache Hilfsmittel und Aussagen über formale Manipulationen an Beweisfiguren $\alpha_1, \ldots, \alpha_n$, siehe insbesondere Lemma 4 unten. Diese Manipulationen werden wir mit Hilfe eines Reduktionskalküls vorstellen, der auch sonst von Interesse ist (worauf wir noch hinweisen werden, vgl. §5).

Der Reduktionskalkül geht aus von der Bemerkung, dass die Axiome für $\underset{\sim}{S}$ und $\underset{\sim}{K}$ eine natürliche Asymmetrie besitzen: deren linke Seite kann als Argument, die rechte als Resultat einer Reduktion betrachtet werden. Die fortgesetzte Anwendung solcher Reduktionen wird hier dargestellt als Herleitung in einem System von Axiomen und Schlussregeln, die sich ganz natürlich ergeben.

Reduktionskalkül

Sprache:
Terme wie in der kombinatorischen Logik,
Formeln: Reduzibilitätsaussagen $t_1 \geqq t_2$.

Axiome:
$t \geqq t$ für atomische Terme,

$\underset{\sim}{S}\, t_1 t_2 t_3 \geqq t_1 t_3 (t_2 t_3)$, $\underset{\sim}{K}\, t_1 t_2 \geqq t_1$ für beliebige Terme.

Schlussregeln:

$$\frac{t_1 \geqq t_2}{t_1 t_3 \geqq t_2 t_3} \qquad \frac{t_1 \geqq t_2}{t_3 t_1 \geqq t_3 t_2} \qquad \frac{t_1 \geqq t_2 \quad t_2 \geqq t_3}{t_1 \geqq t_3}$$

Beweisbarkeit:
Analog zur kombinatorischen Logik.

Es fällt auf, dass Reduktionen nur an Termen vorgenommen werden, bei denen links aussen ein $\underset{\sim}{S}$ oder $\underset{\sim}{K}$ steht. Etwas allgemeiner ist der Kontraktionsbegriff: Falls t einen Subterm der Gestalt $\underset{\sim}{S}\, t_1 t_2 t_3$ (respektive $\underset{\sim}{K}\, t_1 t_2$) enthält und t' aus t durch Ersetzung dieses Subterms durch $t_1 t_3 (t_2 t_3)$, respektive t_1, entsteht, so sagen wir, dass t zu t' kontrahiert. Der Begriff der <u>simultanen Kontraktion</u> ist noch etwas allgemeiner und für unsere technischen Zwecke geeigneter: Wir schreiben $t \Vdash\!\!\rightarrow t'$, falls es in t einen oder mehrere nicht überlappende Subterme der bewussten Form $\underset{\sim}{S}\, t_1 t_2 t_3$ oder $\underset{\sim}{K}\, t_1 t_2$ so gibt, dass durch ihre simultane Ersetzung mit $t_1 t_3 (t_2 t_3)$, respektive t_1, der Term t' entsteht. Auch dieser Begriff lässt sich leicht als Kalkül formulieren

<u>Kontraktionskalkül</u>

<u>Sprache:</u>
Terme der kombinatorischen Logik,
Formeln: $t \Vdash\!\!\rightarrow t'$.

<u>Axiome:</u>
$t \Vdash\!\!\rightarrow t$ für atomische t,

$\underset{\sim}{S}\, t_1 t_2 t_3 \Vdash\!\!\rightarrow t_1 t_3 (t_2 t_3)$, $K\, t_1 t_2 \Vdash\!\!\rightarrow t_1$ für beliebige t_i.

<u>Schlussregel:</u>

$$\frac{t_1 \Vdash\!\!\rightarrow t_1' \,,\; t_2 \Vdash\!\!\rightarrow t_2'}{t_1 t_2 \Vdash\!\!\rightarrow t_1' t_2'}$$

<u>Beweisbarkeit:</u>
Wieder analog wie oben.

Offenbar ist $t \Vdash\!\!\rightarrow t'$ im Kontraktionskalkül genau dann beweisbar, wenn t' aus t durch <u>eine</u> simultane Kontraktion entsteht; insbesondere ist für jedes t die "Kontraktion" $t \Vdash\!\!\rightarrow t$ beweisbar.

Wir gehen nun daran, die Zusammenhänge zwischen der Beweisbarkeit von Formeln der kombinatorischen Logik, des Reduktions- und des Kontraktionskalküls herzustellen. Wir beginnen mit der Bemerkung, dass jede Reduktion verstanden werden kann als eine Folge von simultanen Kontraktionen, genauer:

LEMMA 1. $t \geqq t'$ ist im Reduktionskalkül genau dann beweisbar, wenn man eine Folge $t_0, t_1, \ldots, t_n$ so finden kann, dass t_0 identisch ist mit t, t_n mit t', und so, dass jedes $t_i \mathrel{|\!\!\mapsto} t_{i+1}$ im Kontraktionskalkül beweisbar ist.

Beweis. Falls $t \geqq t'$ beweisbar ist, so ist es entweder ein Axiom, dann ist aber auch $t \mathrel{|\!\!\mapsto} t'$ eines, oder es ist das Resultat einer Schlussregel. Wenn wir die Behauptung für die Prämissen der Schlussregel voraussetzen, so folgt sie für die Konklusion. Zum Beispiel sei $s_1 \mathrel{|\!\!\mapsto} s_2 \mathrel{|\!\!\mapsto} s_3 \mathrel{|\!\!\mapsto} \ldots \mathrel{|\!\!\mapsto} s_n$ die Folge, welche der Prämisse $t_1 \geqq t_2$, der ersten Schlussregel, entspricht. Dann ist die Folge $s_1 t_3 \mathrel{|\!\!\mapsto} s_2 t_3 \mathrel{|\!\!\mapsto} s_3 t_3 \mathrel{|\!\!\mapsto} \ldots \mathrel{|\!\!\mapsto} s_n t_3$ die gewünschte Folge für die Konklusion $t_1 t_3 \geqq t_2 t_3$; entsprechend für die andern Schlussregeln.

Seien umgekehrt $t_1 \mathrel{|\!\!\mapsto} t_2 \mathrel{|\!\!\mapsto} \ldots \mathrel{|\!\!\mapsto} t_n$ alle im Kontraktionskalkül beweisbar. Es ist ein Beweis von $t_1 \geqq t_n$ zu finden, wobei wegen der Transitivität von $\geqq$ es genügt, jedes $t_i \geqq t_{i+1}$ zu finden. Es sei also $t \mathrel{|\!\!\mapsto} t'$ beweisbar. Falls es ein Axiom ist, so sind wir wieder fertig. Folgt $t \mathrel{|\!\!\mapsto} t'$ aus der Kontraktionsregel, sagen wir als $t_1 t_2 \mathrel{|\!\!\mapsto} t_1' t_2'$, so schliessen wir wie folgt wiederum induktiv: Nach Voraussetzung folgt aus der Beweisbarkeit der Prämissen $t_1 \mathrel{|\!\!\mapsto} t_1'$ und $t_2 \mathrel{|\!\!\mapsto} t_2'$ diejenige von $t_1 \geqq t_1'$ und $t_2 \geqq t_2'$. Daraus schliessen wir aber auf $t_1 t_2 \geqq t_1' t_2$ und $t_1' t_2 \geqq t_1' t_2'$, also wegen Transitivität auf $t_1 t_2 \geqq t_1' t_2'$. □

LEMMA 2. Falls $a \mathrel{|\!\!\mapsto} m$ und $a \mathrel{|\!\!\mapsto} n$ im Kontraktionskalkül beweisbar sind, so kann man aus den Beweisen ein z effektiv so herstellen, dass $m \mathrel{|\!\!\mapsto} z$ und $n \mathrel{|\!\!\mapsto} z$ ebenfalls beweisbar sind.

Beweis. Wir nehmen den Fall voraus, dass a ein atomischer Term ist. Dann sind $a \mathrel{|\!\!\mapsto} m$ und $a \mathrel{|\!\!\mapsto} n$ Axiome, und a, m, n und z sind identisch.

Es sei also a zusammengesetzt, etwa $a'a''$. Nun verwenden wir wieder Induktion nach der Beweislänge.

Wenn beide Formeln $a \mathrel{|\!\!\mapsto} m$ und $a \mathrel{|\!\!\mapsto} n$ Axiome sind, so beginnen beide mit $\underset{\sim}{S}$ oder beide mit $\underset{\sim}{K}$, und es sind dann m und n wieder identisch, und wir können m als z nehmen.

Ist nur eine der Formeln, sagen wir $a \Vdash m$, ein Axiom, so ist a etwa $\underset{\sim}{S}uvw$ (der Fall $\underset{\sim}{K}uv$ ist analog zu behandeln), und m ist dann $uw(vw)$. Die andere Formel, $a \Vdash n$, ist mittels der Kontraktionsregel aus andern beweisbaren Formeln entstanden; sie kann im vorliegenden Fall nur die Gestalt $\underset{\sim}{S}uvw \Vdash n'w'$ haben, und der Schlussteil des Beweises hat die Gestalt (wobei wir die Struktur des Beweises, der ja nach Definition einfach aus einer Folge von Formeln bestehen müsste, in naheliegender Weise baumförmig verdeutlichen):

$$\dfrac{\dfrac{\dfrac{\underset{\sim}{S} \Vdash \underset{\sim}{S} \qquad u \Vdash u'}{\underset{\sim}{S}u \Vdash \ell \qquad v \Vdash v'}}{\underset{\sim}{S}uv \Vdash n' \qquad w \Vdash w'}}{Suvw \Vdash n'w'} \quad .$$

Demnach ist ℓ gleich $\underset{\sim}{S}u'$ und n' gleich $\underset{\sim}{S}u'v'$, und wir haben einen Kontraktionsbeweis von $\underset{\sim}{S}uvw \Vdash \underset{\sim}{S}u'v'w'$. Der Term n hat also die Gestalt $\underset{\sim}{S}u'v'w'$. Nun sind $\underset{\sim}{S}uvv \Vdash uw(vw)$ und $\underset{\sim}{S}u'v'w' \Vdash u'w'(v'w')$ beides Axiome, und $uw(vw) \Vdash u'w'(v'w')$ folgt aus $u \Vdash u'$, $v \Vdash v'$ und $w \Vdash w'$. So ergibt sich das Diagramm

$$\begin{array}{ccc} \underset{\sim}{S}uvw & \Vdash & \underset{\sim}{S}u'v'w' \\ \overline{\overline{\downarrow}} & & \overline{\overline{\downarrow}} \\ uw(vw) & \Vdash & u'w'(v'w') \end{array} \qquad \text{d.h.} \qquad \begin{array}{ccc} a & \Vdash & n \\ \overline{\overline{\downarrow}} & & \overline{\overline{\downarrow}} \\ m & \Vdash & z \end{array} \quad .$$

Sind schliesslich $a \Vdash m$ und $a \Vdash n$ beide durch simultane Kontraktion bewiesen, sagen wir mit

$$\dfrac{a' \Vdash m' \ , \ a'' \Vdash m''}{a'a'' \Vdash m'm''} \quad \text{und} \quad \dfrac{a' \Vdash n' \ , \ a'' \Vdash n''}{a'a'' \Vdash n'n''} \quad ,$$

so wenden wir die Voraussetzung auf a' und auf a'' separat an. Es gibt dann z' und z'' mit $m' \Vdash z'$, $n' \Vdash z'$ und $m'' \Vdash z''$, $n'' \Vdash z''$. Mittels Kontraktion ergibt sich $m'm'' \Vdash z'z''$ und $n'n'' \Vdash z'z''$; es kann also z als $z'z''$ genommen werden. □

Lemma 2 kann unmittelbar auf den Reduktionskalkül übertragen werden:

<u>LEMMA 3.</u> Falls $a \geqq m$ und $a \geqq n$ im Reduktionskalkül beweisbar sind, so lässt sich z finden mit $m \geqq z$ und $n \geqq z$.

Beweis. Nach Lemma 1 haben wir die obere und die linke Seite des folgenden Diagramms:

$$\begin{array}{cccccccccccc}
a & \Vdash & a_1 & \Vdash & a_2 & \Vdash & \dots & & \Vdash & a_j & \Vdash & m \\
\stackrel{=}{\downarrow} & & \stackrel{=}{\downarrow} & & \stackrel{=}{\downarrow} & & & & & \stackrel{=}{\downarrow} & & \stackrel{=}{\downarrow} \\
b_1 & \Vdash & c_{11} & \Vdash & c_{12} & & & & & c_{1j} & \Vdash & e_1 \\
\stackrel{=}{\downarrow} & & \stackrel{=}{\downarrow} & & \stackrel{=}{\downarrow} & & & & & & & \stackrel{=}{\downarrow} \\
b_2 & \Vdash & c_{21} & \Vdash & c_{22} & & & & & & & \vdots \\
\stackrel{=}{\downarrow} & & & & & & & & & & & \\
\vdots & & & & & & & & & & & \\
\stackrel{=}{\downarrow} & & \vdots & & & & & & & & & \stackrel{=}{\downarrow} \\
b_i & \Vdash & c_{i1} & & & & & & & c_{ij} & \Vdash & e_i \\
\stackrel{=}{\downarrow} & & \stackrel{=}{\downarrow} & & & & & & & \stackrel{=}{\downarrow} & & \stackrel{=}{\downarrow} \\
n & \Vdash & d_1 & \Vdash & \dots & & & & \Vdash & d_j & \Vdash & z
\end{array} \quad .$$

Diese beiden Seiten des Diagramms werden mit wiederholter Anwendung von Lemma 2 wie angegeben ergänzt, und das Lemma folgt aus nochmaliger Anwendung von Lemma 1 auf die rechte und die untere Seite des Diagramms. □

LEMMA 4. Aus jedem Beweis der Gleichung $m = n$ in der kombinatorischen Logik lässt sich ein Term z effektiv so herstellen, dass im Reduktionskalkül $m \geqq z$ und $n \geqq z$ beweisbar sind.

Beweis. Falls $m = n$ ein Axiom der kombinatorischen Logik ist, so ist entweder m dasselbe wie n und ein Atomterm, und wir dürfen z als m nehmen, oder wir haben eines der beiden "eigentlichen" Axiome, etwa $\underset{\sim}{S}abc = ac(bc)$. Dann sind aber sowohl $\underset{\sim}{S}abc \geqq ac(bc)$ als $ac(bc) \geqq ac(bc)$ beweisbar, das letztere durch wiederholte Anwendung der beiden ersten Schlussregeln, ausgehend von Axiomen $u \geqq u$ für atomische u .

Falls $m = n$ selbst Resultat der Anwendung einer Schlussregel ist, so betrachten wir die entsprechenden Fälle. - Sei also m von der Form ab und n von der Form ac und der Schluss

$$\frac{b = c}{ab = ac} \quad .$$

Nach Induktionsvoraussetzung existiert für die Prämisse ein z' mit $b \geqq z'$ und $c \geqq z'$. Im Reduktionskalkül erhalten wir dann $ab \geqq az'$

und $ac \geq az'$; wir haben mit az' ein geeignetes z gefunden. Für die zweite Schlussregel geht die Ueberlegung analog. - Die dritte Schlussregel ist von der Form

$$\frac{m = a \ , \ a = n}{m = n} \ .$$

Nach Induktionsvoraussetzung existieren u und v mit $m \geq u$, $a \geq u$, $a \geq v$, $n \geq v$. Jetzt ist Lemma 3 anzuwenden, nämlich auf $a \geq u$ und $a \geq v$, und ergibt die Existenz eines z mit $u \geq z$ und $v \geq z$. Aus der Transitivität von $\geq$ folgen dann schliesslich $m \geq z$ und $n \geq z$. □

SATZ. $\underset{\sim}{S} = \underset{\sim}{K}$ ist in der kombinatorischen Logik nicht beweisbar.

Beweis. Ein Beweis von $\underset{\sim}{S} = \underset{\sim}{K}$ würde nach Lemma 4 ein z liefern, für welches $\underset{\sim}{S} \geq z$ und $\underset{\sim}{K} \geq z$ beweisbar wären. Nach Lemma 1 wären $\underset{\sim}{S}$ und $\underset{\sim}{K}$ durch eine Folge von Kontraktionen in z überzuführen, was offensichtlich nicht möglich ist. □
{Der oben gegebene Beweis stammt i.W. von E. Zachos.}

Literaturhinweise zu Kapitel III, §2:

Church, A. & Rosser, J.B.: "Some properties of conversion", Transactions Amer. Math. Soc. 39, S. 472-482, (1936).
Curry, H.B.: "Recent advances in combinatory logic", Bull. Soc. Math. Belgique 20, S. 288-298, (1968);
(siehe S. 296-297).
Engeler, E.: Zum logischen Werk von Paul Bernays", Dialectica 32, S. 191-200, (1978).
Kleene, S.C. & Rosser, J.B.: "The inconsistency of certain formal logics", Annals of Math. 36, S. 630-636, (1935).
Zachos, E.: "Kombinatorische Logik und S-Terme", Dissertation ETH Zürich, 1978.

§3 Konkrete kombinatorische Algebren

Zuerst muss ich mich für das Wort "konkret" entschuldigen: Die Konkretheit des zu beschreibenden Modells ist etwa vergleichbar mit der Konkretheit des Körpers der reellen Zahlen, konstruiert mit Dedekindschen Schritten; sie ist also eine Konkretheit relativ zu einem unreflektiert übernommenen Substrat von naiver Mengenlehre. Aber also doch, und immerhin, so konkret, wie die Gegenstände der klassischen Mathematik eben sind.

Von diesem Standpunkt aus allerdings haben wir schon im vorhergehenden Abschnitt die Voraussetzungen geschaffen für die Konkretisierung eines Modells der kombinatorischen Logik, einer kombinatorischen Algebra. Die Terme der kombinatorischen Logik werden nämlich durch den Beweisbarkeitsbegriff in Aequivalenzklassen eingeteilt: t und t' sind äquivalent, falls die Gleichung $t = t'$ bewiesen werden kann. Diese Aequivalenz ist in bezug auf die Verknüpfung $*$ sogar eine Kongruenz: Falls $t_1 = t_1'$ und $t_2 = t_2'$ beweisbar sind, so ist es auch $t_1 * t_2 = t_1' * t_2'$, wie man sich sofort überzeugt. So gelangen wir zum Termmodell.

Dieses Modell ist nichttrivial, liegen doch nach dem Widerspruchsfreiheitsbeweis $\underset{\sim}{S}$ und $\underset{\sim}{K}$ in verschiedenen Kongruenzklassen.

Termmodell

T = Terme der kombinatorischen Logik,
$t \sim t'$ gdw. $t = t'$ beweisbar. Sei $\overline{t} = \{t' : t \sim t'\}$.
Bemerke $t_1 \sim t_1'$, $t_2 \sim t_2'$ impliziert $t_1 * t_2 \sim t_1' * t_2'$ (Kongruenz).
Für $A = \{\overline{t} : t \in T\}$ mit $\overline{t}_1 * \overline{t}_2 = \overline{t_1 * t_2}$ ist $\underline{A} = \langle A, *, \overline{\underset{\sim}{S}}, \overline{\underset{\sim}{K}} \rangle$ eine kombinatorische Algebra, das Termmodell.

Der Leser möge sich die Analogie zwischen dieser Konstruktion und der Konstruktion des Körpers der rationalen Zahlen aus den natürlichen Zahlen vergegenwärtigen. Dort bilden wir Aequivalenzklassen von Tripeln

$\langle a,b,c\rangle \in \mathbb{N}^3$ mittels: $\langle a,b,c\rangle \sim \langle a',b',c'\rangle$, falls die Gleichung $ac' + b'c = a'c + bc'$ bewiesen werden kann. Hier liegt aber ein qualitativer Unterschied: Die numerische Rechnung, welche zu einem Beweis (oder Widerlegung) der angegebenen Gleichung führt, ist stets in wenigen Schritten beendet. Darum sind wir auch bereit, das so konstuierte $\mathbb{Q}$ konkret zu nennen. Hingegen ist die Frage, ob sich in der kombinatorischen Logik eine Gleichung $t = t'$ beweisen lässt, ungleich schwieriger, ja - wie wir sehen werden - algorithmisch unlösbar; die Elemente $\bar{t}$, aus denen das Termmodell besteht, sind als Mengen von Termen nicht algorithmisch abgegrenzt. {Frage: Wie vergleicht sich die Konstruktion des Termmodells aus diesem Gesichtswinkel mit derjenigem der reellen Zahlen als Dedekindsche Schritte?}

Die Verquickung von Modellkonstruktion und Beweisbegriff ist für die mengentheoretische Auffassung mathematischer Strukturen, um es mild zu sagen, etwas ungewohnt. Doch ging es an die vierzig Jahre, bis die ersten mengentheoretischen Konstruktionen bekannt wurden, diejenigen von Scott und von Plotkin (vgl. Barendregt). Seither gibt es noch eine vereinfachte, und wie sich zeigen wird, universale Modellkonstruktion. Diese wird im folgenden vorgeführt.

Wir versuchen, die Elemente der kombinatorischen Algebra als Mengen zu realisieren. Für Funktionen f von Mengen nach Mengen ist F , der Graph von f , wieder eine Menge, nämlich eine Menge von Paaren $\langle a,f(a)\rangle$. Die Anwendung der Funktion f , als Graph verstanden, auf ein Argument a , als Menge $\{a\}$ verstanden, erhält die Form einer Operation auf Mengen: $F \Delta \{a\} = \{b : \exists x \in \{a\}.\ \langle x,b\rangle \in F\}$. Diese Operation Δ ist auf beliebigen Mengen M und N der Mengenlehre definiert: $M \Delta N = \{y : \exists x \in N.\ \langle x,y\rangle \in M\}$. Mit dieser Operation allerdings werden wir keine kombinatorische Algebra aus der Mengenlehre machen, aber mit der folgenden:

$$M * N = \{y : \exists x \subseteq N.\ \langle x,y\rangle \in M \wedge x \text{ endlich}\} .$$

Doch scheint es etwas übertrieben, die gesamte Mengenlehre zu bemühen für diese Konstruktion, und es liegt nahe, dass wir nur insoweit Mengen, und Mengen von Mengen, etc. konstruieren, als nachher im Nachweis der kombinatorischen Vollständigkeit wirklich gebraucht werden. Diese Ueberlegung führt zu folgender Konstruktion. Zur Verdeutlichung des funktionalen Zusammenhangs schreiben wir $(x \rightarrow y)$ statt $\langle x,y\rangle$, ausserdem verwenden wir in Zukunft kleine griechische Buchstaben "α", "β", ... zur Bezeichnung endlicher Teilmengen.

<u>Graphmodelle</u>

Sei $A \neq \emptyset$ und $G_n(A)$ rekursiv definiert durch

$G_0(A) = A$

$G_{n+1}(A) = G_n(A) \cup \{(\alpha \to y) : \alpha \subseteq G_n(A),\ \alpha \text{ endlich},\ y \in G_n(A)\}$.

Sei $G(A) = \bigcup_{n \geq 0} G_n(A)$ und sei B die Potenzmenge von $G(A)$.

Dann ist $\underline{B} = \langle B, *, \underset{\sim}{S}, \underset{\sim}{K} \rangle$ eine kombinatorische Algebra, wo

$M * N = \{y : \exists \alpha \subseteq N.\ (\alpha \to y) \in M\}$,

$\underset{\sim}{K} = \{(\{y\} \to (\emptyset \to y)) : y \in G(A)\}$,

$\underset{\sim}{S} = \{\{\tau \to (\{r_1, \ldots, r_n\} \to s)\} \to (\{\sigma_1 \to r_1, \ldots, \sigma_n \to r_n\} \to (\sigma \to s)) :$
$n \geq 0,\ r_1, \ldots, r_n \in B,\ \tau \cup \bigcup \sigma_i = \sigma \subseteq B,\ \sigma \text{ endlich}\}$.

Wir haben zwei Dinge zu erledigen, erstens, zu zeigen, dass $\underline{B}$ wirklich eine kombinatorische Algebra ist, und zweitens, dass unsere Konstruktion den versprochenen universellen Charakter hat. Das letztere folgt aus folgendem Satz.

<u>EINBETTUNGSSATZ.</u> Es sei $\underline{A} = \langle A, \cdot \rangle$ eine algebraische Struktur mit zweistelliger Operation $\cdot$. Dann lässt sich $\underline{A}$ isomorph einbetten in $\underline{B} = \langle B, * \rangle$.

<u>Beweis.</u> Die Einbettung $f : A \to B$ ist aus Abbildungen $f_i : A \to B$ als $f(a) = \bigcup_{n \geq 0} f_i(a)$ zusammengesetzt, wo für $a \in A$:

$$f_0(a) = \{a\} ,$$

$$f_{n+1}(a) = f_n(a) \cup \{(\{a'\} \to b) : a' \in A,\ b \in f_n(a \cdot a')\} .$$

Da $f(a) \cap A = \{a\}$, ist f injektiv.

Es gilt auch $f(a) * f(b) = f(a) \cdot f(b)$:

$$f(a) * f(b) = \{y : \exists\alpha \subseteqq f(b) \cdot (\alpha \to y) \in f(a)\}$$
$$= \bigcup_{0 \leqq i} \{y : \exists\alpha \subseteqq f(b) \cdot (\alpha \to y) \in f_{i+1}(a)\}$$
$$= \bigcup_{0 \leqq i} \{y : (\{b\} \to y) \in f_{i+1}(a)\}$$
$$= \bigcup_{0 \leqq i} \{y : y \in f_i(a \cdot b)\} = f(a \cdot b) . \quad \square$$

Für den Beweis, dass $\underline{B}$ eine kombinatorische Algebra ist, ist eine etwas mechanische Verifikation notwendig, also: es seien M,N,L beliebige Teilmengen von $G(A)$. Dann gelten:

$$\underset{\sim}{K} M N = \{s : \exists\alpha \subseteqq N \exists\beta \subseteqq M. \ (\beta \to (\alpha \to s)) \in \underset{\sim}{K}\}$$
$$= \{s : \{s\} \subseteqq M. \ (\{s\} \to (\emptyset \to s)) \in \underset{\sim}{K}\} = M .$$

$$ML(NL) = \{s : \exists\rho \subseteqq NL. \ (\rho \to s) \in ML\}$$
$$= \{s : \exists n \geqq 0 \exists r_1,\dots,r_n \in G(A) \exists\sigma_1,\dots,\sigma_n \subseteqq L.$$
$$(\{r_1,\dots,r_n\} \to s) \in ML \wedge (\sigma_1 \to r_1),\dots,(\sigma_n \to r_n) \in N\}$$
$$= \{s : \exists n \geqq 0 \exists r_1,\dots,r_n \in G(A) \exists\sigma_1,\dots,\sigma_n \subseteqq L \exists\tau \subseteqq L.$$
$$(\tau \to (\{r_1,\dots,r_n\} \to s)) \in M \wedge (\sigma_1 \to r_1),\dots,(\sigma_n \to r_n) \in N\} .$$

$$\underset{\sim}{S} M N L = \{s : \exists\sigma \subseteqq L \exists\eta \subseteqq N \exists\varepsilon \subseteqq M. \ (\varepsilon \to (\eta \to (\sigma \to s))) \in \underset{\sim}{S}\}$$
$$= \{s : \exists\sigma \subseteqq L \exists n \geqq 0 \exists r_1,\dots,r_n \in G(A) \exists\tau,\sigma_1,\dots,\sigma_n \subseteqq L.$$
$$(\tau \to (\{r_1,\dots,r_n\} \to s)) \in M \wedge$$
$$(\sigma_1 \to r_1),\dots,(\sigma_n \to r_n) \in N \wedge \sigma = \tau \cup \bigcup \sigma_i\}$$
$$= \{s : \exists n \geqq 0 \exists r_1,\dots,r_n \in G(A) \exists\tau,\sigma_1,\dots,\sigma_n \subseteqq L.$$
$$(\tau \to (\{r_1,\dots,r_n\} \to s)) \in M \wedge (\sigma_1 \to r_1),\dots,(\sigma_n \to r_n) \in N\} .$$

$$\underset{\sim}{S} \neq \underset{\sim}{K} : (\{a\} \to (\emptyset \to a)) \notin \underset{\sim}{S} .$$

Damit haben wir:

<u>EXISTENZSATZ.</u> $\underline{B}$ ist eine kombinatorische Algebra. $\square$

Als nützliche Illustration zur kombinatorischen Vollständigkeit betrachten wir ein typisch algebraisches Problem, nämlich die Frage nach der expliziten Lösbarkeit von Gleichungen in einer kombinatorischen Algebra, speziell von Gleichungen der Form

$$F \cdot X = X .$$

Eine explizite Lösung einer solchen sogenannten Fixpunktgleichung liegt vor, wenn eine Lösung X als eine Kombination von F und den Grundkombinatoren $\underset{\sim}{S}$ und $\underset{\sim}{K}$ dargestellt werden kann. Dann aber kann eine solche Darstellung auch in der Form $\underset{\sim}{Y}F$ gefunden werden. Dies wird durch die folgende Konstruktion ermöglicht: Es sei $\underset{\sim}{D}$ der Kombinator, welcher gemäss kombinatorischer Vollständigkeit die Gleichung

$$\underset{\sim}{D}xy = x(yy)$$

erfüllt, und es sei $\underset{\sim}{Y}$ der Kombinator mit der Definitionsgleichung

$$\underset{\sim}{Y}x = \underset{\sim}{D}x(\underset{\sim}{D}x) .$$

Ein Fixpunkt von F, d.h. eine Lösung von $FX = X$, ist nun stets gegeben durch YF. Nämlich:

$$\underset{\sim}{Y}F = \underset{\sim}{D}F(\underset{\sim}{D}F) = F((\underset{\sim}{D}F)(\underset{\sim}{D}F)) = F(\underset{\sim}{Y}F) .$$

<u>SATZ.</u> $\underset{\sim}{Y}F$ ist der kleinste Fixpunkt von F im Graphmodell.

<u>Beweis.</u> Wir haben eben bewiesen, dass $\underset{\sim}{Y}F$ ein Fixpunkt ist. Sei nun X irgend ein Fixpunkt. Es ist zu zeigen: $\underset{\sim}{Y}F$ ist, als Teilmenge von $G(A)$, eine Teilmenge von X. Sei $M = \underset{\sim}{D}F$, also $\underset{\sim}{Y}F = MM$.

(a) $\underset{\sim}{Y}F = MM \subseteq X$ folgt aus der Tatsache, dass $\alpha\alpha \subseteq X$ für alle endlichen $\alpha \subseteq M$. Nämlich: Falls $a \in MM$, so existiert $\alpha \subseteq M$ mit $(\alpha \to a) \in M$. Dann gibt es aber ein endliches β, z.B. $\alpha \cup \{\alpha \to a\}$, mit $a \in \beta\beta$.

(b) Sei α eine beliebige endliche Teilmenge von M. Da $M \subseteq G(A) = \bigcup_n G_n(A)$, so ist jedes endliche α Teilmenge von $G_n(A)$ für ein minimales n. Wir können also einen Induktionsbeweis ansetzen. - Falls $\alpha \subseteq G_0(A) = A$, so ist $\alpha \cdot \alpha = \emptyset \subseteq X$. Sei $\alpha\alpha \subseteq X$ für alle $\alpha \subseteq M$, $\alpha \subseteq G_{n-1}(A)$, und es sei $\beta \subseteq G_n(A)$,

$\beta \nsubseteq G_{n-1}(A)$, $\beta \subseteq M$, $a \in \beta\beta$. Es ist zu zeigen, dass $a \in X$. Da $a \in \beta\beta$ ist, gibt es $\gamma \subseteq \beta$ mit $(\gamma \to a) \in \beta$. Daraus folgt, dass $\gamma \subseteq G_{n-1}(A)$ und damit, dass $\gamma\gamma \subseteq X$ nach Induktionsvoraussetzung. Da $(\gamma \to a) \in \beta \subseteq M$, ist offenbar $a \in M\gamma = F(\gamma\gamma)$ nach Definition von M . Nun gilt ganz allgemein, dass aus $p \subseteq q \subseteq G(A)$ folgt $Fp \subseteq Fq$. Da $\gamma\gamma \subseteq X$, gilt also insbesondere $F(\gamma\gamma) \subseteq FX = X$, und damit $a \in F(\gamma\gamma) \subseteq X$, also $a \in X$. □

Im Graphmodell ist der kleinste Fixpunkt nicht nur, wie oben, kombinatorisch-explizit zu finden, sondern auch in sehr ansprechender Weise mengentheoretisch. Er ist nämlich, wie leicht zu zeigen ist,

$$\bigcup_n F^n\emptyset ,$$

wo $F^0 = \underset{\sim}{I}$, $F^{n+1} = \underset{\sim}{B}\, F^n F$, d.h. also $F^0\emptyset = \emptyset$, $F^{n+1}\emptyset = F^n F \emptyset$.

Literaturhinweise zu Kapitel III, §3:

Barendregt, H.P.: "The type free lambda calculus", in: J. Barwise: "Handbook of Mathematical Logic", S. 1091-1132, Amsterdam, North-Holland, 1977.

Engeler, E.: "Algebras and Combinators", Algebra Universalis 13, S. 389-392, (1981).

Meyer, A.: "What is a model of the Lambda Calculus?", Report MIT/LCS/TM-171 (resp. TM-201), 1980 (1981).

Vergegenwärtigen wir uns noch einmal, was "kombinatorische Algebra" bedeutet: Für jeden Term $t(x_1,\dots,x_n)$ gibt es ein Element T in B , so dass für beliebige $M_1,\dots,M_n \in B$ gilt

$$T M_1 M_2 \dots M_n = t(M_1,\dots,M_n) ;$$

die Rechenvorschrift t wird zu einem Objekt T konkretisiert. Es liegt in der Natur der Sache, dass wir bei Anwendungen immer wieder von einem Term t zu einem Objekt T übergehen werden. Dabei ist es etwas unbequem, dass es zu t möglicherweise recht viele verschiedene T gibt. Hier ist ein einfaches Beispiel. Wir haben seinerzeit einen Kombinator $\underset{\sim}{I}$ gebraucht mit der Eigenschaft $\underset{\sim}{I} \cdot N = N$ für alle N . In B gibt es nun mindestens diese beiden $\underset{\sim}{I}$:

$$\underset{\sim}{I}_0 = \{(\{a\} \to a) : a \in G(A)\} \quad \text{und}$$

$$\underset{\sim}{I}_1 = \{(\alpha \to a) : a \in \alpha \subseteq G(A)\} ,$$

aber noch viele, unendlich viele, mehr (welche?). Der Ausweg, wenn er gehbar ist, besteht darin, eine Konstruktion anzugeben, welche jedem M eindeutig ein $\overline{M}$ in B zuordnet, welches für beliebige $N \in B$ dieselbe Applikation ergibt: $MN = \overline{M}N$. Selbstverständlich suchen wir eine solche Konstruktion selbst wieder als einen Kombinator $\underset{\sim}{L}$ zu verwirklichen. Dies führt zur Definition der $\underset{\sim}{L}$-Algebren.

$\underset{\sim}{L}$-Algebren

Eine $\underset{\sim}{L}$-Algebra ist eine Struktur

$$\underline{B} = \langle B, *, \underset{\sim}{S}, \underset{\sim}{K}, \underset{\sim}{L}\rangle$$

mit einer zweistelligen Operation $*$ und Elementen $\underset{\sim}{S}, \underset{\sim}{K}, \underset{\sim}{L}$, welche folgenden Forderungen genügen:

$$\underset{\sim}{K}xy = x$$
$$\underset{\sim}{S}xyz = xz(yz)$$
$$\underset{\sim}{L}xy = xy$$
$$(\forall y.\ x_1 y = x_2 y) \supset \underset{\sim}{L}x_1 = \underset{\sim}{L}x_2$$

Im Graphmodell ist $\mathbf{L}$ als eine Teilmenge von $G(A)$ zu definieren:

<u>LEMMA.</u> Mit $\mathbf{L} = \{\{\alpha \to b\} \to (\beta \to b) : \alpha \subseteq \beta \subseteq G(A),\ b \in G(A)\}$, für endliche α, β wird aus dem Graphmodell eine $\mathbf{L}$-Algebra.

<u>Beweis.</u> Wenn $b \in MN$, so gibt es $\alpha \subseteq N$ mit $(\alpha \to b) \in M$; dann ist $(\alpha \to b) \in \mathbf{L}M$, also $b \in \mathbf{L}MN$. Umgekehrt, falls $b \in \mathbf{L}MN$, so ist $(\beta \to b) \in \mathbf{L}M$ für ein $\beta \subseteq N$, also $(\alpha \to b) \in M$ für ein $\alpha \subseteq \beta$ und deshalb $b \in MN$. Es folgt $\mathbf{L}MN = MN$ für alle M und N. - Für den Beweis der zweiten Forderung nehmen wir an $\mathbf{L}M_1 \neq \mathbf{L}M_2$, etwa $(\alpha \to b) \in \mathbf{L}M_1$ und $(\alpha \to b) \notin \mathbf{L}M_2$. Aus $(\alpha \to b) \in \mathbf{L}M_1$ folgt die Existenz eines $\beta \subseteq \alpha$ mit $(\beta \to b) \in M_1$. Für dieses β gilt $b \in M_1\beta$. Da andererseits $(\alpha \to b) \notin \mathbf{L}M_2$ ist, gibt es kein $\gamma \subseteq \alpha$ mit $(\gamma \to b) \in M_2$, insbesondere ist $(\beta \to b) \notin M_2$ und also $b \notin M_2\beta$. So ist also nicht $M_1N = M_2N$ für alle N. □

In $\mathbf{L}$-Algebren wird es möglich, wie wir gesehen haben, dass man jede Rechenvorschrift $t(x)$ zu einem eindeutig bestimmten Element $\mathbf{L}T$ konkretisiert, für welches $\mathbf{L}Tx = t(x)$ für alle x. T ist zu konstruieren, gemäss der kombinatorischen Vollständigkeit, als Ausdruck in $\mathbf{S}$ und $\mathbf{K}$. Nun ist doch diese Herstellungsweise, insbesondere aber ihre Beschreibung, recht umständlich und doch andererseits wieder so zentral, dass sich die Einführung einer konzisen und prägnanten Bezeichnungsweise für diese funktionelle Abstraktion geradezu aufdrängt. Im Unterschied zur Mengenabstraktion, dem Uebergang von einer Eigenschaft $E(x)$ zu ihrer Extension $\{x : E(x)\}$ hat sich bis heute in der landläufigen Mathematik die Funktionsabstraktion noch nicht durchgesetzt, obwohl sie vieles zur Verdeutlichung von Begriffen beitragen könnte.

Zur Illustration der im nachfolgenden exakt einzuführenden <u>Lambda-Notation</u> wollen wir uns zwei Beispiele aus der täglichen Praxis der Mathematiker vorlegen.

Was heisst "die Funktion $3x^2 + 1$"? Wenn man exakt sein will, führt man gelegentlich ein Funktionszeichen, etwa f, ein und sagt: "die Funktion $f : \mathbb{R} \to \mathbb{R}$, definiert durch $f(x) = 3x^2 + 1$". Dabei ist offenbar x eine Variable, die in diesem Zusammenhang ohne Sinnänderung in eine andere, y, unbenannt werden kann, eine gebundene

Variable. Die Lambda-Notation entfernt die Willkürlichkeit der Wahl von "f" als Funktionszeichen; sie offeriert für "f" den Ausdruck "$\lambda x.\ 3x^2+1$". Demgemäss ist also $(\lambda x.\ 3x^2+1)2$ auszuwerten auf 13. Auf diese Weise überwindet die Lambda-Notation die Bezeichnungsstutzigkeit der üblichen funktionalen Sprechweise.

Sei P ein Funktional, d.h. eine Zuordnung von Funktionen zu Funktionen. In der Redeweise der unverbildeten Mathematiker mag man etwa definieren: "Sei $f(x)$ eine Funktion und sei $g(x) = P(f(x))$."
Dies ist im allgemeinen missverständlich, z.B.: Was ist $P(f(x-1))$? Ist es $P(f)(x-1)$ oder $P(g)(x)$, wo $g(x) = f(x-1)$? Dies ist durchaus nicht dasselbe, wie folgendes Beispiel zeigt: P sei definiert durch

$$P(f)(x) = \begin{cases} 0 & \text{für } x \leqq 0, \\ f(x) & \text{sonst.} \end{cases}$$

Dann ist

$$P(f)(x-1) = \begin{cases} 0 & \text{für } x \leqq 1, \\ f(x-1) & \text{sonst;} \end{cases} \qquad P(g)(x) = \begin{cases} 0 & \text{für } x \leqq 0, \\ f(x-1) & \text{sonst.} \end{cases}$$

Die nicht formalistisch gedrillten Mathematiker führen in den geläufigsten Fällen Symbole und Konventionen ein, welche solche Missverständnisse beseitigen, man achte darauf etwa bei der Einführung von Differentialoperatoren! Wiederum bietet aber die Lambda-Notation eine uniforme und einprägsame Methode zum selben Zweck.

Hier beschäftigt uns eine und nur eine Nutzanwendung der Lambda-Notation, nämlich als Bezeichnungsweise für den Term $\underset{\sim}{L}T$, welcher für $t(x)$ konstruiert wurde, um $\underset{\sim}{L}Tx = t(x)$ für alle x zu garantieren. Diesen Term also werden wir mit $\lambda x.\ t(x)$ bezeichnen. Genauer:

Definition. Sei $t(x_1,\ldots,x_n,x)$ ein Term der kombinatorischen Logik, aufgebaut aus $\underset{\sim}{S}, \underset{\sim}{K}, \underset{\sim}{L}$ und den Variablen $x_1,\ldots,x_n,x$. Es sei T der Term in $\underset{\sim}{S}, \underset{\sim}{K}, \underset{\sim}{L}$ und $x_1,\ldots,x_n$, welcher gemäss dem Lemma von §1 konstruiert ist und für den gilt: $T\cdot x = t(x_1,\ldots,x_n,x)$ für alle $x_1,\ldots,x_n$. Dann bezeichne $\lambda x.\ t(x_1,\ldots,x_n,x)$ den Term $\underset{\sim}{L}T$.

Eine Bezeichnungsweise ist nichts ohne Regeln zu ihrer Handhabung; im vorliegenden Fall nehmen diese die ausgewachsene Form eines Kalküls an. Historisch ist dieser Kalkül von Church unabhängig von der kombinatorischen Logik geschaffen worden, und zwar vorerst als ein rein formaler Kalkül, d.h. unter Hintanstellung von Fragen über die Konkretisierung der Elemente in irgendeinem, etwa mengentheoretischen, Rahmen. Die Umkehr der Reihenfolge: Lambda-Algebren vor Lambda-Kalkülen, erfolgt hier aus expositorischen Gründen. (Man vergleiche auch die Einführung zu §2.)

<u>Konvention.</u> Für Terme t_1, t_2 und Variablen x sei $t_1\big|_x^{t_2}$ das Resultat der Ersetzung von x an allen Vorkommen t durch t_2. Dabei soll durch geeignete Umbenennung vermieden werden, dass eine Variable in t_2 bei der Einsetzung in den Wirkungsbereich eines λ gerät.

<u>Lambda-Konversionskalkül</u>

<u>Sprache:</u>

Terme, aufgebaut aus den atomischen Termen, d.h. aus Variablen x, y, z und gegebenenfalls Konstanten mit Hilfe der zweistelligen Operation $*$ und der Lambda-Abstraktion: Falls t ein Term ist und x eine Variable, so ist $(\lambda x.\, t)$ wieder ein Term.

Formeln: Gleichungen zwischen Termen.

<u>Axiome:</u>

$t = t$ für atomische Terme

$(\lambda x.t) = (\lambda y.t\big|_x^y)$ (Umbenennung)

$(\lambda x.t_1)t_2 = t_1\big|_x^{t_2}$ (β-Reduktion)

<u>Schlussregeln:</u>

$$\frac{t_1 = t_2}{t_1 t_3 = t_2 t_3} \qquad \frac{t_1 = t_2}{t_3 t_1 = t_3 t_2} \qquad \frac{t_1 = t_2}{t_2 = t_1}$$

$$\frac{t_1 = t_2 \quad t_2 = t_3}{t_1 = t_3} \qquad \frac{t_1 = t_2}{\lambda x.t_1 = \lambda x.t_2}$$

<u>Beweisbarkeit:</u>

Wie in der kombinatorischen Logik.

<u>SATZ.</u> Jede $\underset{\sim}{L}$-Algebra ist ein Modell des Lambda-Konversionskalküls; d.h. in $\underset{\sim}{L}$-Algebren kann man die Operation der Lambda-Abstraktion so erklären, dass die Axiome gelten und die Gültigkeit von Gleichungen unter den Schlussregeln erhalten bleibt.

<u>Beweis.</u> Wir haben alles aufs beste eingerichtet. Es sei nämlich $\underline{B} = \langle B, *, \underset{\sim}{S}, \underset{\sim}{K}, \underset{\sim}{L}\rangle$ eine $\underset{\sim}{L}$-Algebra. Die Gültigkeit einer Gleichung $t_1 = t_2$ in $\underline{B}$ beinhaltet, dass bei jeder Belegung der Variablen in t_1 durch Elemente von B dasselbe Resultat entsteht wie bei dieser Belegung in t_2. Mit "Resultat" meinen wir hier, entsprechend dem Aufbau der Terme, das Resultat der Anwendungsoperation $*$, respektive der Lambda-Abstraktionsoperation, wie sie in der obigen Definition dieser Operation (durch $\underset{\sim}{L}\,T$) erklärt ist. Mit diesem Hinweis läuft der Beweis auf einfache Verifikation heraus. So besteht etwa der Beweis des β-Reduktionsaxioms aus folgender Induktion nach dem Aufbau von t_1:

Ist t_1 die Variable x, so ist T gemäss Definition zu $\underset{\sim}{S}\,\underset{\sim}{K}\,\underset{\sim}{K}$ bestimmt, und es ist $\lambda x.t_1 = \underset{\sim}{L}\,T = \underset{\sim}{L}(\underset{\sim}{S}\,\underset{\sim}{K}\,\underset{\sim}{K})$. Demnach ist $(\lambda x.t_1)t_2 = \underset{\sim}{L}(\underset{\sim}{S}\,\underset{\sim}{K}\,\underset{\sim}{K})t_2 = t_2 = x\Big|^{t_2}_{x}$. Ist t_1 eine andere Variable oder $\underset{\sim}{S}$, $\underset{\sim}{K}$ oder $\underset{\sim}{L}$, so ist T definiert als $\underset{\sim}{K}\,t_1$, und es gilt $(\lambda x.t_1)t_2 = \underset{\sim}{L}(\underset{\sim}{K}\,t_1)t_2 = \underset{\sim}{K}\,t_1\,t_2 = t_1\Big|^{t_2}_{x}$. Ist schliesslich der Term zusammengesetzt, etwa $t_1 \cdot t_2$, so ist das entsprechende T zu definieren als $\underset{\sim}{S}\,T_1\,T_2$, wo T_1 und T_2 nach Induktionsvoraussetzung gefunden sein mögen. Mit dieser gilt nun

$$(\lambda x.\ t_1\,t_2)t_3 = \underset{\sim}{L}(\underset{\sim}{S}\,T_1\,T_2)t_3 = \underset{\sim}{S}\,T_1\,T_2\,t_3 = T_1\,t_3(T_2\,t_3)$$

$$= (\underset{\sim}{L}\,T_1\,t_3)(\underset{\sim}{L}\,T_2\,t_3) = t_1\Big|^{t_3}_{x} \cdot t_2\Big|^{t_3}_{x} = (t_1 \cdot t_2)\Big|^{t_3}_{x}\,.$$

Die letzte Schlussregel wird, z.B., wie folgt nachgewiesen: Es gelte $t_1 = t_2$, d.h. $t_1(x) = t_2(x)$ sei für alle Belegungen von x durch Elemente von B erfüllt. Seien wieder T_1 und T_2 so bestimmt, dass $t_1(x) = T_1 \cdot x$, $t_2(x) = T_2 \cdot x$. Dann ist $T_1 \cdot x = T_2 \cdot x$ für alle x und deshalb in unserer $\underset{\sim}{L}$-Algebra, $\underset{\sim}{L}\,T_1\,x = \underset{\sim}{L}\,T_2\,x$ für alle x in B. Nach Definition der Bezeichnungsweise gilt also $\lambda x.t_1 = \lambda x.t_2$ in $\underline{B}$. □

Es mag dem Leser aufgefallen sein, dass wir im Lambda-Konversionskalkül zwar Konstanten wie $\underset{\sim}{S}$, $\underset{\sim}{K}$, $\underset{\sim}{L}$ zugelassen haben, diese aber nicht zur Konstituierung des Kalküls notwendig brauchten. In der Tat können Elemente mit den entsprechenden kombinatorischen Eigenschaften mittels λ-Termen leicht definiert werden, zum Beispiel könnte man $\underset{\sim}{S}$ durch $\lambda x.\lambda y.\lambda z.xz(yz)$ vertreten lassen. Ferner mag die Definition von $\underset{\sim}{L}$-Algebren durch die Form ihres zusätzlichen Axioms, einer Implikation, etwas unschön anmuten. In der Tat haben neuere Untersuchungen eine Axiomatisierung geliefert, welche nur aus Gleichungen besteht (vgl. Barendregt, Kap. 7).

Literaturhinweise zu Kapitel III, §4:

Barendregt, H.P.: "The Lambda Calculus, its Syntax and Semantics", Studies in Logic 103, Amsterdam, North-Holland, 1981.

Church, A.: "The Calculi of Lambda-Conversion", Princeton, NJ, Princeton University Press, 1941.

Scott, D.S.: "Lambda calculus: some models, some philosophy", in: Barwise et al.: "The Kleene Symposium", Studies in Logic 101, S. 381-421, Amsterdam, North-Holland, 1980.

Scott, D.S.: "Relating theories of the λ-calculus", in: Seldin et al.: "To H.B. Curry; Essays on Combinatory Logic, Lambda Calculus and Formalism", S. 403-450, New York, Academic Press, 1980.

§5 Berechenbarkeit und Kombinatoren

Im vorliegenden Abschnitt wollen wir noch kurz auf Anschlüsse zwischen kombinatorischer Algebra und Logik mit der Rekursionstheorie eingehen. Diese sollen zum Nachweis dafür dienen, dass die Begriffsbildung der kombinatorischen Algebra ihren erklärten Zweck erfüllt: Wir gingen aus von der Idee, das Konzept der "Rechenvorschrift" durch Objekte einer algebraischen Struktur einzufangen. Andererseits ist dies bekanntlich auch durch den Begriff der partiell-rekursiven Funktion geleistet; das ist die Churchsche These. So bleibt also zu zeigen, dass jede partiell-rekursive Funktion einem Kombinator entspricht, der auf geeignete Zahl-Objekte angewandt, dasselbe leistet.

Fürs erste machen wir von der Möglichkeit Gebrauch, die Zahl-Objekte von Anfang an explizit in die Konstruktion des Graphmodells $\underline{B}$ einzubauen, indem wir die Ausgangsmenge A als $\mathbb{N}$ wählen. Jeder natürlichen Zahl n können wir mit $\{n\}$ ein Element von B als Repräsentanten zuordnen; wir schreiben abkürzend $\underline{n}$ für $\{n\}$. Darüber hinaus wollen wir die Grundfunktionen der Rekursionstheorie, nämlich die

Nachfolgefunktion	$N : N(n) = n+1$,	$n \in \mathbb{N}$,
Nullfunktion	$Z : Z(n) = 0$,	$n \in \mathbb{N}$,

als bestimmte Teilmengen von $G(\mathbb{N})$ wählen, nämlich

$$\underset{\sim}{N} = \{\{n\} \to n+1 : n \in \mathbb{N}\} ,$$
$$\underset{\sim}{Z} = \{\{n\} \to 0 : n \in \mathbb{N}\} .$$

Zu den Grundfunktionen der Rekursionstheorie gehören auch die Projektionsfunktionen

$$U_i^m : U_i^m(n_1,\ldots,n_m) = n_i , \qquad 1 \leqq i \leqq m \in \mathbb{N} .$$

Für U_i^m steht ein allgemeiner Kombinator $\underset{\sim}{U}_i^m$ zur Verfügung, für ihn gilt die Definitionsgleichung

$$\underset{\sim}{U}_i^m x_1 x_2 \ldots x_m = x_i .$$

Die so gewählten Objekte von der kombinatorischen Algebra $\underline{B}$ repräsentieren die entsprechenden Zahlfunktionen in naheliegender Weise: Es gilt

$\underset{\sim}{N}\,\underline{n} = \underline{m}$ gdw $N(n) = m$,

$\underset{\sim}{U}{}_i^m\,\underline{n}_1\,\underline{n}_2 \dots \underline{n}_m = \underline{k}$ gdw $U_i^m(n_1,\dots,n_m) = k$;

entsprechend für $\underset{\sim}{Z}$. Allgemein:

Definition. Eine partielle Funktion $f : \mathbb{N}^n \to \mathbb{N}$ heisst repräsentierbar in $\underline{B}$, falls in $\underline{B}$ ein Objekt $\underset{\sim}{F}$ so existiert, dass

$F\,\underline{k}_1\,\underline{k}_2 \dots \underline{k}_n = \underline{m}$ genau dann in $\underline{B}$ gilt, wenn

$f(k_1,k_2,\dots,k_n)$ definiert und gleich m ist.

SATZ. Im oben definierten Graphmodell ist jede partiell-rekursive Funktion repräsentierbar.

Beweis. Wir benützen als Definition der partiell-rekursiven Funktionen diejenige, welche als Grundfunktionen die Nullfunktion Z , die Nachfolgefunktion N und die Projektionsfunktionen U_i^m benutzt und diese abschliesst mit den Schemata der Komposition, der primitiven Rekursion und dem μ-Schema.

(a) Die Repräsentierbarkeit der Grundfunktionen ist ebenso wie die der Zahlobjekte in die Konstruktion von $\underline{B}$ eingebaut.

(b) Abgeschlossenheit unter Komposition:

Sei $f(x_1,\dots,x_n) = h(g_1(x_1,\dots,x_n),\dots,g_m(x_1,\dots,x_n))$, wo h durch $\underset{\sim}{H}$ und jedes g_i durch $\underset{\sim}{G}_i$ repräsentiert seien. Wegen kombinatorischer Vollständigkeit existiert $\underset{\sim}{F}$ mit $\underset{\sim}{F}\,x_1 \dots x_n = \underset{\sim}{H}(\underset{\sim}{G}_1\,x_1 \dots x_n)\dots(G_m\,x_1 \dots x_n)$. Wir verifizieren die Repräsentation: $\underset{\sim}{F}\,\underline{k}_1 \dots \underline{k}_n = \underset{\sim}{H}(\underset{\sim}{G}_1\,\underline{k}_1 \dots \underline{k}_n)\dots(\underset{\sim}{G}_m\,\underline{k}_1 \dots \underline{k}_n)$, dies ist (genau wenn alle $g_i(k_1,\dots,k_n)$ definiert sind) gleich

$$\underset{\sim}{H}\,\underline{g_1(k_1,\dots,k_n)}\dots\underline{g_m(k_1,\dots,k_n)} =$$

$$\underline{h(g_1(k_1,\dots,k_n),\dots,g_m(k_1,\dots k_n))}$$

unter entsprechender Bedingung.

(c) Abgeschlossenheit unter primitiver Rekursion:

Der Uebersichtlichkeit halber beschränken wir uns auf einstellige Funktionen; es sei also

$$f(n) = \underline{\text{if}}\ \ n=0\ \ \underline{\text{then}}\ \ k\ \ \underline{\text{else}}\ \ g(f(n-1),n-1)\ ,$$

wobei g durch $\underset{\sim}{G}$ repräsentiert sei. Wir beabsichtigen die Verwendung des Fixpunktkombinators $\underset{\sim}{Y}$, brauchen aber noch etwas Vorbereitung. Dazu gehören erstens eine Vorgängerfunktion, allerdings nur für Zahlen $n \geq 1$, und eine Entscheidungsfunktion, die dem <u>if</u> ... <u>then</u> ... <u>else</u> entspricht. Wir setzen

$$\underset{\sim}{V} = \{\{n+1\} \rightarrow n \in \mathbb{N}\}\ ,$$

wodurch offenbar $\underset{\sim}{V}\,\underline{n} = \underline{k}$ gdw. $n > 0$ und $k = n-1$. Für die Entscheidungsfunktion brauchen wir ein Objekt $\underset{\sim}{\text{Zero}}$ mit

$$\underset{\sim}{\text{Zero}}\ x\,M\,N = \begin{cases} M & \text{falls } x = \underline{0}\ , \\ N & \text{falls } x = \underline{n+1} \text{ für ein } n \in \mathbb{N}\ ; \end{cases}$$

(beliebige Objekte M,N ; das Verhalten von $\underset{\sim}{\text{Zero}}$ auf Nichtzahlobjekten x ist irrelevant). Als Objekt in $\underline{B}$ kann $\underset{\sim}{\text{Zero}}$ definiert werden durch:

$$\underset{\sim}{\text{Zero}} = \{\{0\} \rightarrow x : x \in \underset{\sim}{K}\} \cup \{\{\underline{n+1}\} \rightarrow x : x \in \underset{\sim}{K}\,\underset{\sim}{I}\ ,\ n \in \mathbb{N}\}\ .$$

Dann ist nämlich $\underset{\sim}{\text{Zero}}\ \underline{0} = \underset{\sim}{K}$ und $\underset{\sim}{\text{Zero}}\ \underline{n+1} = \underset{\sim}{K}\,\underset{\sim}{I}$, also $\underset{\sim}{\text{Zero}}\ \underline{0}\,M\,N = \underset{\sim}{K}\,M\,N = M$ und $\underset{\sim}{\text{Zero}}\ \underline{n+1}\,M\,N = \underset{\sim}{K}\,\underset{\sim}{I}\,M\,N = \underset{\sim}{I}\,N = N$.
Unter Verwendung von $\underset{\sim}{V}$ und $\underset{\sim}{\text{Zero}}$ können wir nun die primitive Rekursion ausschreiben als Fixpunktgleichung. Dazu sei, gemäss kombinatorischer Vollständigkeit:

$$\underset{\sim}{R}\,f\,x\ =\ \underset{\sim}{\text{Zero}}\ x\,\underline{k}\ (\underset{\sim}{G}(f(\underset{\sim}{V}x))(\underset{\sim}{V}x))\ .$$

Der gewünschte Repräsentant für f ist der Fixpunkt von

$$\underset{\sim}{R}\,f = f$$

gegeben durch $\underset{\sim}{Y}\,\underset{\sim}{R}$. In der Tat löst $\underset{\sim}{Y}\,\underset{\sim}{R}$ die Rekursionsgleichungen. Nämlich:

$$\underset{\sim}{Y}\,\underset{\sim}{R}\,\underline{0} = \underset{\sim}{R}(\underset{\sim}{Y}\,\underset{\sim}{R})\underline{0} = \underset{\sim}{\text{Zero}}\ \underline{0}\,\underline{k}(\underset{\sim}{G}((\underset{\sim}{Y}\,\underset{\sim}{R})(\underset{\sim}{V}\,\underline{0}))(\underset{\sim}{V}\,\underline{0})) = \underline{k} = \underline{f(0)}\ ,$$

$$\underset{\sim}{Y}\,\underset{\sim}{R}\,\underline{n+1} = \underset{\sim}{R}(\underset{\sim}{Y}\,\underset{\sim}{R})\underline{n+1} = \underset{\sim}{\text{Zero}}\ \underline{n+1}\,k(\underset{\sim}{G}((\underset{\sim}{Y}\,\underset{\sim}{R})(\underset{\sim}{V}\,\underline{n+1}))(\underset{\sim}{V}\,\underline{n+1}))$$

$$= \underset{\sim}{G}((\underset{\sim}{Y}\,\underset{\sim}{R})\underline{n})\underline{n} = \underset{\sim}{G}\,\underline{f(n)}\ \underline{n} = \underline{g(f(n),n)} = \underline{f(n+1)}\ .$$

Da $\underset{\sim}{Y}\,\underset{\sim}{R}$ zudem der kleinste Fixpunkt ist, so ist garantiert, dass er auch die intendierte Lösung der primitiven Rekursionsgleichung repräsentiert.

(d) Abgeschlossenheit gegen das μ-Schema:

Sei $f(x) = \mu y[g(x,y) = 0]$ und sei g repräsentiert durch $\underset{\sim}{G}$. Nun lässt sich bekanntlich f wie folgt mit <u>if</u> ... <u>then</u> ... <u>else</u> einführen:

$$h(x,y) = \underline{\text{if}}\ g(x,y) = 0\ \underline{\text{then}}\ y\ \underline{\text{else}}\ h(x,y+1)\ ; \qquad f(x) = h(x,0)\ .$$

Dementsprechend betrachten wir

$$\underset{\sim}{R}\,h\,x\,y = \underset{\sim}{\text{Zero}}(\underset{\sim}{G}\,x\,y)\,y\,(\underset{\sim}{H}\,x\,(\underset{\sim}{N}\,y))\ , \qquad \underset{\sim}{H} = \underset{\sim}{Y}\,\underset{\sim}{R}\ , \qquad \underset{\sim}{F}\,x = \underset{\sim}{H}\,x\,\underline{0}\ .$$

Zur Verifikation rechnen wir wie folgt:

$$\underset{\sim}{F}\,\underline{n} = \underset{\sim}{H}\,\underline{n}\,\underline{0} = (\underset{\sim}{Y}\,\underset{\sim}{R})\,\underline{n}\,\underline{0} = \underset{\sim}{R}(\underset{\sim}{Y}\,\underset{\sim}{R})\,\underline{n}\,\underline{0} = \underset{\sim}{R}\,\underset{\sim}{H}\,\underline{n}\,\underline{0}$$

$$= \underset{\sim}{\text{Zero}}(\underset{\sim}{G}\,\underline{n}\,\underline{0})\,\underline{0}\,(\underset{\sim}{H}\,\underline{n}\,\underline{1}) = \begin{cases} \underline{0}\ , & \text{falls } g(n,0) = 0\ , \\ \underset{\sim}{H}\,\underline{n}\,\underline{1} & \text{sonst.} \end{cases}$$

Für $\underset{\sim}{H}\,\underline{n}\,\underline{1}$ werten wir weiter aus:

$$\underset{\sim}{H}\,\underline{n}\,\underline{1} = \underset{\sim}{R}\,\underset{\sim}{H}\,\underline{n}\,\underline{1} = \underset{\sim}{\text{Zero}}(\underset{\sim}{G}\,\underline{n}\,\underline{1})\,\underline{1}\,(\underset{\sim}{H}\,\underline{n}\,\underline{2}) = \begin{cases} \underline{1}\ , & \text{falls } g(n,1) = 0\ , \\ \underset{\sim}{H}\,\underline{n}\,\underline{2} & \text{sonst.} \end{cases}$$

Und so weiter für $\underset{\sim}{H}\,\underline{n}\,\underline{2}$, $\underset{\sim}{H}\,\underline{n}\,\underline{3}$, ... Auf diese Weise ist der richtige Wert für $\underset{\sim}{F}\,\underline{n}$ in jedem Fall zustande gebracht. Kein Wert entsteht, ebenfalls gewünschterweise, falls eines der auszuwertenden $\underset{\sim}{G}\,\underline{n}\,\underline{i}$ keinen Zahlwert ergibt; in diesem Falle ist ja auch $f(n)$ nicht definiert. □

So haben wir also gezeigt, dass in <u>gewissen</u> kombinatorischen Algebren alle berechenbaren Funktionen durch Objekte repräsentiert werden können. In Wirklichkeit ist dies aber in allen kombinatorischen Algebren möglich. Zum Nachweis dieser Tatsache genügt es, in beliebigen kombinatorischen Algebren Zahlobjekte $\underset{\sim}{0}, \underset{\sim}{1}, \underset{\sim}{2}, \ldots$ herzustellen und die ad hoc Konstruktionen für $\underset{\sim}{N}, \underset{\sim}{Z}, \underset{\sim}{V}$ und $\underset{\sim}{\text{Zero}}$ durch allgemeine Kombinatoren zu ersetzen.

Wir verbinden hier aber diesen Schritt ins Allgemeine mit dem Uebergang zu einem formalistischen Standpunkt: Natürliche Zahlen n werden als bestimmte Kombinatoren $\underset{\sim}{n}$ in der Sprache der kombinatorischen Logik eingeführt, unsere Kenntnisse werden beschränkt auf diejenigen Formeln, Gleichungen, welche in der kombinatorischen Logik herleitbar sind. Dementsprechend ist der Begriff der Repräsentierbarkeit neu zu fassen als

Definierbare Zahlfunktionen

Eine partielle Funktion $f : \mathbb{N}^n \to \mathbb{N}$ heisst definierbar, falls es einen Term $\underset{\sim}{F}$ der kombinatorischen Logik so gibt, dass

$\underset{\sim}{F}\,\underset{\sim}{k}_1 \ldots \underset{\sim}{k}_n = \underset{\sim}{m}$ genau dann beweisbar ist, wenn

$f(k_1,\ldots,k_n)$ definiert und gleich m ist.

Wir haben nun die oben angedeuteten Verallgemeinerungen in einem formalen Rahmen durchzuführen, also die Kombinatoren $\underset{\sim}{n}$ $(n \in \mathbb{N})$, $\underset{\sim}{N}$, $\underset{\sim}{Z}$, $\underset{\sim}{V}$ und $\underset{\sim}{Zero}$ zu definieren. Dann ergibt sich der

SATZ. Jede partiell rekursive Funktion ist (in der kombinatorischen Logik) definierbar.

Zur Vereinfachung der nachfolgenden Definitionen wollen wir uns der Lambda-Bezeichnungsweise für bestimmte Kombinatoren bedienen: Mit $\lambda x.t(x)$ soll der in §1 aus $\underset{\sim}{S}$ und $\underset{\sim}{K}$ konstruierte Term T bezeichnet sein, für welchen $Tx = t(x)$ für alle x. Als klammersparende Konvention führen wir die Bezeichnungsweise

$$\lambda xyz.t \quad \text{für} \quad \lambda x.\lambda y.\lambda z.t$$

ein, für welche gilt

$$(\lambda xyz.t(x,y,z))MNL = t(M,N,L) \;;$$

entsprechend für jede andere Anzahl gebundener Variablen.

Das geordnete Paar

$\underset{\sim}{P} := \lambda uv.\lambda x.xuv$ (Paarbildung)

$\underset{\sim}{P}_0 := \lambda u.u\underset{\sim}{K}$ (erste Komponente)

$\underset{\sim}{P}_1 := \lambda u.u(\underset{\sim}{K}\,\underset{\sim}{I})$ (zweite Komponente)

Abkürzungen: $\underset{\sim}{P}uv = [u,v]$, $\underset{\sim}{P}_0 u = (u)_0$, $\underset{\sim}{P}_1 u = (u)_1$

LEMMA. Die Konstrukte $\underset{\sim}{P}$, $\underset{\sim}{P}_0$, $\underset{\sim}{P}_1$ konstituieren eine Paarbildung; es gilt nämlich

$$[u,v]_0 = u \;, \qquad [u,v]_1 = v \;.$$

Beweis. Durch Nachrechnen.

$$[u,v]_0 = \underset{\sim}{P}_0(\underset{\sim}{P}uv) = (\lambda x.xuv)\underset{\sim}{K} = \underset{\sim}{K}uv = u \;,$$

$$[u,v]_1 = \underset{\sim}{P}_1(\underset{\sim}{P}uv) = (\lambda x.xuv)(\underset{\sim}{K}\,\underset{\sim}{I}) = (\underset{\sim}{K}\,\underset{\sim}{I})uv = \underset{\sim}{I}v = v \;.$$

Natürliche Zahlen

Definiere rekursiv Kombinatoren $\underset{\sim}{0}, \underset{\sim}{1}, \underset{\sim}{2}, \ldots,$ welche natürliche Zahlen definieren sollen:

$$\underset{\sim}{0} := \underset{\sim}{I} \;, \quad \underset{\sim}{1} := [\underset{\sim}{0}\,, \underset{\sim}{K}] \;, \quad \ldots, \quad \underset{\sim}{n+1} := [\underset{\sim}{n}\,, \underset{\sim}{K}] \;.$$

Sind die den verschiedenen natürlichen Zahlen zugeordneten Kombinatoren voneinander verschieden? Verschiedenheit kann vom formalen Standpunkt aus nur heissen, dass $\underset{\sim}{n} \neq \underset{\sim}{m}$ bewiesen werden kann. Dies ist aber unsinnig, da Ungleichung gar nicht zu den Formeln der kombinatorischen Logik, also noch weniger zu den beweisbaren Formeln gehört. In §2 haben wir uns unter vergleichbaren Umständen (ist $\underset{\sim}{S} = \underset{\sim}{K}$?) auf den Standpunkt gestellt, dass wir lediglich die Unbeweisbarkeit der Gleichung nachzuweisen haben; dies wurde dann in §3 zur Konstruktion des Termmodells zum Prinzip erhoben durch Zusammenfassung der beweisbarerweise gleichen Terme zu Kongruenzklassen. Wesentlich zum Nachweis der Unbeweisbarkeit von $\underset{\sim}{S} = \underset{\sim}{K}$ war Lemma 1 plus Lemma 4, wonach eine Gleichung $m = n$ genau dann beweisbar ist, wenn sich $\underset{\sim}{m}$ und $\underset{\sim}{n}$

durch eine Folge von Kontraktionen auf ein gemeinsames z reduzieren lassen. Da $\underset{\sim}{S}$ und $\underset{\sim}{K}$ sich offenbar nicht weiter kontraktieren lassen, kann $\underset{\sim}{S} = \underset{\sim}{K}$ nicht beweisbar sein.

Definition. Ein Term t der kombinatorischen Logik heisst in Normalform, falls er sich im Kontraktionskalkül nicht weiter reduzieren lässt.

KOROLLAR. Sind t_1 und t_2 syntaktisch verschieden und in Normalform, so ist $t_1 = t_2$ in der kombinatorischen Logik nicht beweisbar. □

LEMMA. Jeder Kombinator $\underset{\sim}{n}$, $n \in \mathbb{N}$, ist in Normalform. □

Mit diesem Lemma ist die Bühne bereitet, und wir definieren wie folgt:

Die zahlentheoretischen Kombinatoren

$\underset{\sim}{Z} := \lambda x.\underset{\sim}{0}$

$\underset{\sim}{N} := \lambda x.[x,\underset{\sim}{K}]$

$\underset{\sim}{V} := \lambda x.(x)_0$

$\underset{\sim}{Zero} := \lambda x.(x)_1(\underset{\sim}{K}\,\underset{\sim}{I})\underset{\sim}{K}$

Die entsprechenden Nachweise sind leicht zu führen:

$$\underset{\sim}{Z}\,\underset{\sim}{n} = (\lambda x.\underset{\sim}{0})\underset{\sim}{n} = \underset{\sim}{0} .$$

$$\underset{\sim}{N}\,\underset{\sim}{n} = (\lambda x.[x,\underset{\sim}{K}])\underset{\sim}{n} = [\underset{\sim}{n},\underset{\sim}{K}] = \underset{\sim}{n+1} .$$

$$\underset{\sim}{V}(\underset{\sim}{N}\,\underset{\sim}{n}) = (\lambda x.(x)_0)(\underset{\sim}{N}\,\underset{\sim}{n}) = (\underset{\sim}{N}\,\underset{\sim}{n})_0$$

$$= ((\lambda x.[x,\underset{\sim}{K}])\,\underset{\sim}{n})_0 = [\underset{\sim}{n},\underset{\sim}{K}]_0 = \underset{\sim}{n} .$$

$$\underset{\sim}{Zero}\,\underset{\sim}{0} = (\lambda x.(x)_1(\underset{\sim}{K}\,\underset{\sim}{I})\underset{\sim}{K})\underset{\sim}{0} = (\underset{\sim}{0})_1(\underset{\sim}{K}\,\underset{\sim}{I})\underset{\sim}{K}$$

$$= \underset{\sim}{0}(\underset{\sim}{K}\,\underset{\sim}{I})(\underset{\sim}{K}\,\underset{\sim}{I})\underset{\sim}{K} = \underset{\sim}{I}(\underset{\sim}{K}\,\underset{\sim}{I})(\underset{\sim}{K}\,\underset{\sim}{I})\underset{\sim}{K}$$

$$= (\underset{\sim}{K}\,\underset{\sim}{I})(\underset{\sim}{K}\,\underset{\sim}{I})\underset{\sim}{K} = \underset{\sim}{I}\,\underset{\sim}{K} = \underset{\sim}{K} .$$

$$\underset{\sim}{\text{Zero}}\,(\underset{\sim}{N}\,\underset{\sim}{n}) = (\lambda x.(x)_1(\underset{\sim}{K}\,\underset{\sim}{I})\underset{\sim}{K})[\underset{\sim}{n},\underset{\sim}{K}]$$

$$= [\underset{\sim}{n},\underset{\sim}{K}]_1(\underset{\sim}{K}\,\underset{\sim}{I})\underset{\sim}{K} = \underset{\sim}{K}(\underset{\sim}{K}\,\underset{\sim}{I})\underset{\sim}{K} = \underset{\sim}{K}\,\underset{\sim}{I}\ .$$

Die eben vorgeführten "Nachweise" sind in Wirklichkeit formale Beweise in der kombinatorischen Logik. Eingesetzt in die entsprechenden Teile des vorhergehenden Satzes über die Repräsentierbarkeit im Graphmodell, ergeben die eben gemachten Ueberlegungen den Beweis des vorliegenden Satzes. □

Zum Abschluss dieses Abschnittes wollen wir noch kurz ein Beispiel zu Entscheidungsfragen in der kombinatorischen Logik geben:

Das Halteproblem der kombinatorischen Logik

Hier handelt es sich um die Frage, ob ein gegebener Term t der kombinatorischen Logik eine Normalform habe. Diese Frage ist unentscheidbar, falls es keinen Kombinator $\underset{\sim}{H}$ so gibt, dass

$$\underset{\sim}{H}\,t = \begin{cases} \underset{\sim}{0} & \text{falls } t \text{ eine Normalform hat,} \\ \underset{\sim}{1} & \text{sonst.} \end{cases}$$

Gäbe es nämlich eine Rechenvorschrift, welche die Entscheidung dieser Frage lieferte, so wäre diese Rechenvorschrift nach der Churchschen These als rekursive Funktion realisierbar und als solche durch einen Kombinator $\underset{\sim}{H}$ repräsentierbar. Wir wollen nun zeigen, dass es einen solchen Kombinator nicht geben kann.

SATZ. Das Halteproblem der kombinatorischen Logik ist unentscheidbar.

Beweis. Nehmen wir an, es gäbe den Kombinator $\underset{\sim}{H}$. Wir benützen ihn, um einen Kombinator $\underset{\sim}{D}$ zu konstruieren, der folgendes leistet:

$$\underset{\sim}{D}\,t = \begin{cases} \underset{\sim}{K}(tt)\ , & \text{falls } (tt) \text{ eine Normalform hat,} \\ \underset{\sim}{S} & \text{sonst.} \end{cases}$$

$\underset{\sim}{D}$ ist offenbar $\underset{\sim}{D} := \lambda t.\underset{\sim}{\text{Zero}}(\underset{\sim}{H}(tt))(\underset{\sim}{K}(tt))\underset{\sim}{S}$, und es hat $\underset{\sim}{D}\,t$ für jedes t eine Normalform, also insbesondere auch $\underset{\sim}{D}\,\underset{\sim}{D}$. Aber $\underset{\sim}{D}\,\underset{\sim}{D}$ wertet gemäss Definition zu einer von $\underset{\sim}{D}\,\underset{\sim}{D}$ verschiedenen Normalform aus, der von $K(\underset{\sim}{D}\,\underset{\sim}{D})$; Widerspruch. □

Literaturhinweise zu Kapitel III, §5:

Hermes, H.: "Aufzählbarkeit, Entscheidbarkeit, Berechenbarkeit; Einführung in die Theorie der rekursiven Funktionen", Berlin, Springer-Verlag, 1961.

Kleene, S.C.: "λ-definability and recursiveness", Duke Math. J. 2, S. 344-353, (1936).